構造工学シリーズ 30

橋梁の耐風設計における数値流体解析ガイドライン

土 木 学 会

Structural Engineering Series 30

Guideline for Application of Computational Fluid Dynamics on Wind-Resistant Design of Bridges

February, 2023

Japan Society of Civil Engineers

まえがき

　近年の数値解析技術の進歩ならびに計算機の性能向上を背景に，構造物に作用する風荷重の算定や空力振動に対する照査といった構造物の耐風設計に数値流体解析（Computational Fluid Dynamics，通称 CFD）の活用が試みられている．特に，建築分野においては，2015 年に改定された日本建築学会「建築物荷重指針・同解説」において，「風力係数，風圧係数は，構造骨組用と外装材用に区別し，適切になされた風洞実験や数値流体計算等によって定める．」と規定され，数値流体解析が風洞実験と同様の風力係数・風圧係数の評価手法の 1 つとして扱われている．さらに，2017 年には日本建築学会から「建築物荷重指針を活かす設計資料 2 －建築物の風応答・風荷重評価／CFD 適用ガイド－」が発刊され，建築物の風荷重評価における数値流体解析の具体的な解析手法や解析条件のガイドラインが示されている．

　一方，橋梁分野においては，2022 年時点で桁断面の選定等の初期設計段階における検討を除いて，実際の耐風設計に数値流体解析が使用された事例はほとんどない．建築物の耐風設計に対して後塵を拝している理由として，橋梁の耐風設計においては，動的応答の照査が必要となるため，振動中の物体周りの流体解析が必要となること，桁断面のスケールに比べて極めて小さな高欄等の付加物が耐風性に及ぼす影響が大きく，静止時の風荷重算定でさえ計算負荷が大きいことが挙げられる．ただし，近年の研究により，計算負荷は大きいものの，適切に計算すれば，風洞実験と同等もしくはそれ以上の精度の結果が得られることが明らかとなっている．このような背景のもと，橋梁分野においても数値流体解析を耐風設計に応用することを目的に，土木学会構造工学委員会内において「橋梁の耐風設計における数値流体解析ガイドライン作成小委員会」を立ち上げ，本ガイドラインを策定した．

　本ガイドラインでは，本州四国連絡橋公団「本州四国連絡橋耐風設計基準（2001）・同解説」や日本道路協会「道路橋耐風設計便覧（2007）」に記載されている風洞実験法の代替手法として，数値流体解析による風荷重の算定や動的照査を行い，これらの基準に則った耐風設計を実現可能とすることを目標としている．一般に風洞実験を実施するには，相応の施設が必要となりコストのみならず，長年の経験が必要となる．近年は，数値流体解析プログラムも市販されたり，オープンソースとしてインターネットで公開されるなど，誰でも簡単に数値流体解析を始めることができるため，その導入の敷居は低くなっている．ただし，数値流体解析で正しい結果を得るためには，風洞実験と同様に経験と知識が必要となるのは言うまでもない．本ガイドラインは，耐風工学や数値流体解析の知識がない技術者や設計者に対して，誰でも容易に数値流体解析を導入できる手法を明示したものではない．ある程度の知識がある技術者や設計者に対して，必要最低限と思われる数値流体解析のガイドラインを示したものである．また，本ガイドラインに従って計算した結果が，常に正しい結果であることを保証するものでもない．したがって，計算された結果が正しい結果であるかどうか，各自で判断できる技術者向けの資料と考えて頂ければ幸いである．また，数値流体解析が専門でない方に対しても，その解析結果が妥当かどうか判断する際の資料として活用して頂くことを期待している．

最後に，本ガイドラインの策定に尽力された各委員の努力に心から感謝を申し上げる．本ガイドラインが呼び水となって，橋梁の耐風設計に数値流体解析の導入が促進されることになれば望外の喜びである．

2023 年 2 月

土木学会構造工学委員会
橋梁の耐風設計における数値流体解析ガイドライン作成小委員会
委員長　　八　木　知　己

土木学会　構造工学委員会

橋梁の耐風設計における数値流体解析ガイドライン作成小委員会　委員構成

委員長　　八木　知己（京都大学）

幹事長　　伊藤　靖晃（清水建設（株））

委員　　　石井　秀和（三菱重工業（株））

〃　　　　石原　孟（東京大学）

〃　　　　上島　秀作（（株）IHI 検査計測）

〃　　　　勝地　弘（横浜国立大学）

〃　　　　北川　徹哉（法政大学）

〃　　　　金　惠英（労働安全衛生総合研究所）

〃　　　　木村　吉郎（東京理科大学）

〃　　　　黒田　眞一（（株）IHI）

〃　　　　杉山　貞人（三菱重工業（株））

〃　　　　杉山　裕樹（阪神高速道路（株））

〃　　　　遠山　直樹（本州四国連絡高速道路（株））

〃　　　　中藤　誠二（関東学院大学）

〃　　　　野口　恭平（京都大学）

〃　　　　野澤　剛二郎（清水建設（株））

〃　　　　野田　稔（高知大学）

〃　　　　長谷部　寛（日本大学）

〃　　　　花井　拓（本州四国連絡高速道路（株））

〃　　　　比江島　慎二（岡山大学）

〃　　　　堀　高太郎（（株）数値フローデザイン）

〃　　　　松田　一俊（九州工業大学）

〃　　　　松宮　央登（京都大学）

〃　　　　丸岡　晃（八戸工業高等専門学校）

〃　　　　村上　琢哉（（株）JFE 設計）

（五十音順，敬称略）

目次

第1章 概要

1.1　本ガイドラインの目的

　国内における吊構造形式橋梁や耐風性が問題となる比較的大規模な橋梁の耐風設計においては，本州四国連絡橋耐風設計基準（2001）・同解説[1]ならびに道路橋耐風設計便覧[2]を参照されることが多い．前者は長大橋を対象としたものであり，基本的には風洞試験結果を基に耐風設計を行い，耐風安定性の検討がなされる．また，後者を用いる場合は，必要に応じて風洞試験に基づく詳細な耐風性の検討が実施されている．したがって，比較的スパン長の大きな橋梁の耐風設計においては，風洞試験が必須となっている．その一方で，近年の数値流体解析（Computational Fluid Dynamics，通称 CFD）の進歩は目覚ましいものがあり，近い将来に風洞試験が数値流体解析による数値風洞試験に置き換わるのは間違いない．既に，建築構造においては数値流体解析が耐風設計に導入され，数値流体解析適用に関するガイドラインも発刊されており[3]，本ガイドラインにおいても参考にしている．ただし，一般に長大橋梁は可撓性が高く，風荷重のみならず空力振動に対する検討が必要となる．本ガイドラインにおいては，静的風荷重に加えて，強風による動的耐風安定性の照査を実施することを目的とし，数値流体解析を利用する場合のガイドラインならびに数値流体解析による計算結果を用いた照査法について記載している．

1.2　適用の範囲

　橋梁を対象とした風洞実験としては，図 1-1 に示す様な二次元剛体模型を用いた静的空気力測定試験，バネ支持模型試験，強制加振試験がある．静的空気力試験は，模型が静止した状態における時間平均的な空気力を計測し，静的空気力係数（三分力）を求める試験である．バネ支持模型試験は，自由振動状態において渦励振やギャロッピング，フラッター等の空力振動に対する発現風速や応答振幅を確認する試験である．強制加振試験では，模型を一定振幅で強制振動中の空気力，すなわち非定常空気力を計測し，非定常空気力係数を算定する試験である．本ガイドラインは，これら3種類の風洞試験を数値解析的に再現することを目的としたものである．各試験の詳細については，本州四国連絡橋耐風設計基準（2001）・同解説[1]ならびに道路橋耐風設計便覧[2]を参照頂きたい．また，長大橋の設計照査においては，図 1-2 に示す様な3次元全橋弾性体模型試験が実施されることがある．本ガイドラインの発刊時点では，全橋を数値流体解析することはコンピューターの能力上困難と思われるが，コンピューターの性能が向上すれば理論上は可能である．もし3次元構造を解析する場合は，構造の各断面において本ガイドラインを適用することになる．本ガイドラインの適用範囲ならびに注意事項を以下に記載する．

- 橋梁の桁断面に対する数値流体解析を対象とする．その他，塔や部材，付加物等で耐風性を検討する場合は，桁断面の解析方法を準拠すればよい．
- 気流条件として一様流中での数値流体解析を対象とする．これは既存の耐風設計において一様流中での照査を基本としているためである．乱流中におけるガスト応答（バフェッティング応答）に関する応答振幅の推定に関しては，一様流中で算出した静的空気力係数を用いるものとする．

● 縮尺模型を用いた風洞試験を数値流体解析で代用することを目指したものであり，実橋スケールの構造物に作用する空気力や振動時の応答振幅の再現を保証したものではない．

● 本ガイドラインで推奨した方法は，計算負荷を考慮して最低基準を示したものであり，解析結果が正しいことを保証するものではない．本文中にも記載の通り，パラメータ等を変化させた検証が必要である．

図 1-1　2次元剛体模型試験の例（阪神高速道路株式会社・京都大学提供）

図 1-2　明石海峡大橋の3次元全橋弾性体模型試験（本州四国連絡高速道路株式会社提供）

1.3　本ガイドラインの構成

　まず第 2 章に数値流体解析の概要を示している．各手法の詳細については第 2 章の参考文献にあげた専門書を参考にされたい．第 3 章では，対象断面が静止している際に物体に作用する時間平均的な空気力，すなわち静的空気力係数の算出方法を記載している．第 4 章においては，対象断面が一定振幅で強制加振されている状態の空気力を解析し，非定常空気力係数を算出する方法を記載している．第 5 章においては，対象断面を自由振動状態として物体に作用する時々刻々の空気力と運動方程式を連成させて応答振幅を算出する方法を記載している．第 6 章においては，ギャロッピングやフラッターを対象として，第 4 章で求めた非定常空気力係数を用いてフラッター解析を実施し，発現風速を算出する方法について記載している．第 7 章では，渦励振応答を算出する方法を記載している．第 8 章では，ガスト応答を算出する解析方法について述べている．以後，各種計算事例を添付している．

　本ガイドラインの第 3 章から第 5 章では，枠書きの部分にガイドラインの基準を記載し，その下に解説を記載している．

参考文献

[1]　本州四国連絡橋公団，“本州四国連絡橋耐風設計基準（2001）・同解説”，2001.

[2]　日本道路協会，“道路橋耐風設計便覧（平成19年改訂版）”，日本道路協会，2008.

[3]　日本建築学会，“建築物荷重指針を活かす設計資料 2 － 建築物の風応答・風荷重評価／CFD適用ガイド－”，2017.

第2章 数値流体解析の概要

2.1 はじめに

橋梁の耐風設計において想定される流体運動は，通常，以下の式を支配方程式と考える．

$$\frac{\partial u_i}{\partial x_i} = 0 \tag{2.1}$$

$$\frac{\partial u_i}{\partial t} + \frac{\partial u_i u_j}{\partial x_j} = -\frac{1}{\rho}\frac{\partial p}{\partial x_i} + \frac{\partial}{\partial x_j}\left(\nu \frac{\partial u_i}{\partial x_j}\right) \tag{2.2}$$

ここで，u_i は流速の x_i 方向成分，p は流体の圧力を表し，これらが支配方程式の未知数である．また，ρ は空気密度，ν は動粘性係数である．添字 i, j の範囲は $i, j = 1, 2, 3$ であり，総和規約が適用される．式(2.1)は流体の質量保存則に相当する連続の式であり，式(2.2)は運動量保存則に相当するNavier-Stokes方程式である[1]．なお，ここでは流体の密度変化を扱わない非圧縮性とともに，流体の温度変化を扱わない等温場を仮定する．

Navier-Stokes方程式は偏微分方程式として主に2つの特徴的な性質を有する．左辺第2項の移流項により，運動量が流れの上流側から下流側へ伝達する性質と，右辺第2項の粘性項の拡散効果により，運動量が等方的に広がる性質である．さらに，左辺第1項の時間微分項を有する非定常方程式である．これらの特性を踏まえた上で，適切な離散化を行うことが重要である．

両式を，代表流速 U，代表長さ L で無次元化すると，式(2.2)右辺第2項の動粘性係数 ν は $1/Re$ となる．ここで，$Re\,(= UL/\nu)$ はレイノルズ数であり，流れの状態を表す無次元パラメータである．式(2.2)の左辺第2項の移流項の非線形性は流れの変動において，波数の小さな変動成分から大きな変動成分を生み出す役目を果たす[2]．特にレイノルズ数が大きい場合には，移流項の非線形性によって流れはさまざまなスケールの渦を含有する乱流となる．橋梁の耐風設計で対象とする流れはレイノルズ数が大きく，その乱流変動成分をすべて計算格子で解像することは困難であり，何らかのモデル化が必要となる．

以上のように，橋梁の耐風設計を対象とした数値流体解析では，前述の支配方程式をその特性を把握した上で適切な計算格子および離散化手法を用いて，近似解を求めることとなる．また，その過程では，レイノルズ数が大きい場合に移流項の非線形性から生じる乱流現象に対して，何らかのモデル化を施す必要がある．これらの点を考慮し，本章では，橋梁の耐風設計を対象とした数値流体解析で用いられる乱流モデル，計算格子，離散化手法を概説する．なお，数値流体解析の詳細な理論や手法については，各種教科書（たとえば文献[3, 4, 5, 6]）を参照していただきたい．

2.2 乱流モデル

2.2.1 乱流の取り扱い

レイノルズ数の大きい乱流の変動成分を，そのすべてのスケールに対して計算格子で解像するに

はレイノルズ数の 9/4 乗に比例する数の格子点数が必要になる[7]．橋梁の耐風設計で対象とする流れは，代表流速Uのオーダーが数 m/s から数十 m/s，代表長さLが数 m から数十 m であり，レイノルズ数は数十万以上と非常に大きい．風洞実験で考えてもレイノルズ数は数千以上である．したがって，少なく見積もっても数億点以上の格子点数が必要とされる．それに加えて多数の迎角，加振パターンで解析を行わなければならないため，橋梁の耐風設計における数値流体解析で，乱流を格子で直接解像することは非現実的である．そこで，耐風設計上必要な物理量が十分な精度で得られるような乱流モデルを用いることとなる．

　橋梁の耐風設計における数値流体解析で用いられる乱流解析法は，LES（Large Eddy Simulation）と RANS（Reynolds Averaged Navier-Stokes）に大別される．以下にそれぞれの方法を解説する．

2.2.2　LES

　LES（Large Eddy Simulation）は空間平均された流れ場を解く手法であり，格子幅スケールのフィルター操作によって流れの高波数成分を取り除いた物理量（Grid Scale 成分，以下 GS 成分と略記）に対する方程式を解く[8]．LES の GS 成分の連続の式と Navier-Stokes 方程式を以下に記す．

$$\frac{\partial \overline{u}_i}{\partial x_i} = 0 \tag{2.3}$$

$$\frac{\partial \overline{u}_i}{\partial t} + \frac{\partial \overline{u}_i \overline{u}_j}{\partial x_j} = -\frac{1}{\rho}\frac{\partial \overline{p}}{\partial x_i} + \frac{\partial}{\partial x_j}\left(\nu \frac{\partial \overline{u}_i}{\partial x_j} - \tau_{ij}\right) \tag{2.4}$$

　ここで，$\overline{u}_i$，$\overline{p}$は流速および圧力の GS 成分である．τ_{ij}はフィルター操作によって除去された高波数成分（Sub-Grid Scale 成分，以下 SGS 成分と略記）からなる応力項であり，SGS 応力と呼ばれ，次式で表される．

$$\tau_{ij} = \overline{u_i u_j} - \overline{u}_i \overline{u}_j \tag{2.5}$$

　SGS 応力は，SGS 成分の変動による運動量輸送を GS 成分に伝達する役目を担うとともに，GS 成分に対する Navier-Stokes 方程式を介して，流れの変動に対する一種のローパスフィルターの働きをしている．

　式(2.3)・式(2.4)は，SGS 応力項以外，格子で解像できる GS 成分の変数で記述されているため，SGS 応力を求めることができれば，解を得ることができる．SGS 応力項のモデルはいくつも提案されているが，以下に代表的な Smagorinsky モデル，ダイナミック Smagorinsky モデル，WALE モデル，コヒーレント構造 Smagorinsky モデルを記す．

（1）　Smagorinsky モデル

　Smagorinsky モデル[9, 10]は以下のように SGS 応力をモデル化する．

$$\tau_{ij} - \frac{1}{3}\delta_{ij}\tau_{kk} = -2\nu_{SGS}\overline{S}_{ij} \tag{2.6}$$

$$\nu_{SGS} = (C_s \Delta)^2 |\overline{S}| \tag{2.7}$$

$$|\overline{S}| = 2\sqrt{\overline{S}_{ij}\overline{S}_{ij}} \tag{2.8}$$

$$\overline{S}_{ij} = \frac{1}{2}\left(\frac{\partial \bar{u}_i}{\partial x_j} + \frac{\partial \bar{u}_j}{\partial x_i}\right) \tag{2.9}$$

ここで，τ_{ij} は SGS 応力，τ_{kk} $(k = 1, 2, 3)$ は SGS 応力の等方成分であり，両辺の縮約が等しくなるために必要な項である．ν_{SGS} は SGS 渦動粘性係数，C_S は Smagorinsky 定数，$\varDelta$ は格子フィルター幅，$\overline{S}_{ij}$ は流速の GS 成分に基づくひずみ速度テンソル，δ_{ij} はクロネッカーのデルタである．格子フィルター幅$\varDelta$は，格子幅hに対して$\varDelta = 1h \sim 2h$とされることが多く，各方向の格子幅が異なる場合は，二乗平均などの平均化された格子幅がよく用いられる．

Smagorinsky モデルは完全発達した乱流を前提に提案されたものであり，層流や遷移流れ，壁面近傍の乱流にそのまま用いることは適切でない．特に，壁面近傍では SGS 応力を過大評価する傾向にある．そのため，式(2.7)の格子フィルター幅$\varDelta$に，次式で表される van Driest の減衰関数f_Sを乗じて SGS 応力の過大評価を抑制する方法が広く用いられる．

$$f_S = 1 - \exp\left(\frac{-z^+}{25}\right) \tag{2.10}$$

$$z^+ = \frac{z u_\tau}{\nu} \tag{2.11}$$

ここで，zは壁面からの距離，u_τは壁面摩擦速度，νは動粘性係数である．

(2)　ダイナミック Smagorinsky モデル

ダイナミック Smagorinsky モデル[11, 12]は，Smagorinsly モデルにおけるモデル定数を流れ場の状態に応じて動的に定めるモデルである．ダイナミックモデルでは，従来の Smagorinsky モデルで用いられていたフィルター（格子フィルター）に加えて，GS 成分の中で比較的小さい変動成分を抽出するためのテストフィルターを用いる．テストフィルターの幅は格子フィルターよりも大きく取る．このような二重のフィルターを用いることでモデル定数が動的に定められる．詳細は文献[4]などを参照していただきたい．

ダイナミック Smagorinsky モデルでは以下のように SGS 応力をモデル化する．

$$\nu_{SGS} = C\bar{\varDelta}^2 \tilde{S} \tag{2.12}$$

$$C\bar{\varDelta}^2 = -\frac{1}{2}\frac{\langle L_{ij}M_{ij}\rangle}{\langle M_{ij}M_{ij}\rangle} \tag{2.13}$$

$$L_{ij} = \widetilde{\bar{u}_i\bar{u}_j} - \tilde{\bar{u}}_i\tilde{\bar{u}}_j \tag{2.14}$$

$$M_{ij} = \alpha^2\tilde{\bar{S}}\,\tilde{\bar{S}}_{ij} - \widetilde{\bar{S}\,\bar{S}_{ij}} \tag{2.15}$$

$$\alpha = \tilde{\bar{\varDelta}}/\bar{\varDelta} \tag{2.16}$$

$$S = |\overline{S}_{ij}| = 2\sqrt{\overline{S}_{ij}\,\overline{S}_{ij}} \tag{2.17}$$

$$\overline{S}_{ij} = \frac{1}{2}\left(\frac{\partial \bar{u}_i}{\partial x_j} + \frac{\partial \bar{u}_j}{\partial x_i}\right) \tag{2.18}$$

ここで，$\bar{u}_i$ などの上付き⁻は物理量の GS 成分，$\langle L_{ij}M_{ij}\rangle$ などの $\langle\cdot\rangle$ は空間平均操作，$\tilde{S}$ などの⁻はテストフィルター操作を表す．$\tilde{\overline{\varDelta}}$ はテストフィルター幅，α はテストフィルター幅と格子フィルター幅の比率，C は動的に定まるモデル定数である．

(3)　WALE モデル

WALE モデル（Wall-Adapting Local Eddy viscosity model）[13]は，Smagorinsky モデルで併用される減衰関数のように壁面からの距離を用いることなく，SGS 応力の壁面漸近挙動を評価することができる．WALE モデルでは以下のように SGS 応力をモデル化する．

$$\nu_{SGS} = (C_w\varDelta)^2 \frac{\left(S_{ij}^d S_{ij}^d\right)^{3/2}}{\left(|\overline{S}_{ij}||\overline{S}_{ij}|\right)^{5/2} + \left(S_{ij}^d S_{ij}^d\right)^{5/4}} \tag{2.19}$$

$$S_{ij}^d = \frac{1}{2}\left(|\overline{g_{ij}}|^2 + |\overline{g_{ji}}|^2\right) - \frac{1}{2}\delta_{ij}|\overline{g_{kk}}|^2 \tag{2.20}$$

$$\overline{S}_{ij} = \frac{1}{2}\left(\frac{\partial \bar{u}_i}{\partial x_j} + \frac{\partial \bar{u}_j}{\partial x_i}\right) \tag{2.21}$$

$$\bar{g}_{ij} = \frac{\partial \bar{u}_i}{\partial x_j} \tag{2.22}$$

ここで，$\bar{g}_{ij}$ は流速勾配テンソル，$\overline{S}_{ij}$ はひずみ速度テンソル，S_{ij}^d は 2 次形式の流速勾配テンソルの非等方成分，C_w はモデル定数である．

(4)　コヒーレント構造 Smagorinsky モデル

コヒーレント構造 Smagorinsky モデル（Coherent-Structure Smagorinsky Model：CSM）[14]は，乱流の渦のコヒーレント構造に基づきモデル係数を決定するモデルである．その結果，層流化を表現でき，かつ壁面漸近挙動も評価することができる．CSM では以下のように SGS 応力をモデル化する．

$$\tau_{ij} = -2C\overline{\varDelta}|\overline{S}|\overline{S}_{ij} \tag{2.23}$$

$$|\overline{S}| = \sqrt{2\overline{S}_{ij}\overline{S}_{ij}} \tag{2.24}$$

$$C = C_2|F_{CS}|^{3/2}F_\Omega \tag{2.25}$$

$$F_\Omega = 1 - F_{CS} \tag{2.26}$$

$$C_2 = 1/22 \tag{2.27}$$

$$F_{CS} = \frac{Q}{E} \tag{2.28}$$

$$Q = \frac{1}{2}\left(\overline{W}_{ij}\overline{W}_{ij} - \bar{S}_{ij}\bar{S}_{ij}\right) = -\frac{1}{2}\frac{\partial \bar{u}_j}{\partial x_i}\frac{\partial \bar{u}_i}{\partial x_j} \tag{2.29}$$

$$E = \frac{1}{2}\left(\overline{W}_{ij}\overline{W}_{ij} + \bar{S}_{ij}\bar{S}_{ij}\right) = -\frac{1}{2}\left(\frac{\partial \bar{u}_j}{\partial x_i}\right)^2 \tag{2.30}$$

$$\bar{S}_{ij} = \frac{1}{2}\left(\frac{\partial \bar{u}_i}{\partial x_j} + \frac{\partial \bar{u}_j}{\partial x_i}\right) \tag{2.31}$$

$$\overline{W}_{ij} = \frac{1}{2}\left(\frac{\partial \bar{u}_j}{\partial x_i} - \frac{\partial \bar{u}_i}{\partial x_j}\right) \tag{2.32}$$

ここで，F_{CS}はコヒーレント構造関数，F_Ωはエネルギー減衰抑制関数，$\bar{S}_{ij}$はひずみ速度テンソル，$\overline{W}_{ij}$は渦度テンソル，C, C_2はモデル定数である．

2.2.3 RANS

RANS (Reynolds Averaged Navier-Stokes) は，流れの基礎方程式である連続の式と Navier-Stokes 方程式の未知変数の流速と圧力を，その平均成分と変動成分に分離し，Reynolds 平均と称される平均化操作を施すことで得られる流れの平均成分に関する方程式を解く方法である[8]．以下に RANS の基礎方程式を示す．

$$\frac{\partial \overline{u}_i}{\partial x_i} = 0 \tag{2.33}$$

$$\frac{\partial \overline{u}_i}{\partial t} + \frac{\partial \overline{u}_i \overline{u}_j}{\partial x_j} = -\frac{1}{\rho}\frac{\partial \overline{p}}{\partial x_i} + \frac{\partial}{\partial x_j}\left(\nu \frac{\partial \overline{u}_i}{\partial x_j} - \overline{u_i' u_j'}\right) \tag{2.34}$$

ここで，$\overline{u}_i$, $\overline{p}$は流速および圧力の平均成分，u_i'は流速の変動成分である．$-\overline{u_i' u_j'}$はレイノルズ応力と呼ばれ，平均化操作によって生じた項である．レイノルズ応力は乱流変動成分によって生じる見かけの応力であるが，この項のモデル化が解析精度を左右する重要なポイントである．レイノルズ応力のモデルは様々に提案されているが，乱流変動量に関するパラメータから決定される渦動粘性係数ν_tと平均流の流速勾配を用いる以下の渦粘性モデルが RANS の中でも多く用いられている．

$$-\overline{u_i' u_j'} = -\frac{2}{3}k\delta_{ij} + \nu_t\left(\frac{\partial \overline{u}_i}{\partial x_j} + \frac{\partial \overline{u}_j}{\partial x_i}\right) \tag{2.35}$$

ここで，kは乱流エネルギーである．

渦動粘性係数 ν_t を求めるために新たな方程式を追加する必要がある．RANS で最も広く用いられている方法は，乱流エネルギー k と，エネルギー散逸率 ε，もしくは比散逸率 $\omega = \varepsilon/k$ の方程式を用いる 2 方程式モデルである．以下にその代表的な $k - \varepsilon$ モデル，$k - \omega$ モデルを記す．

(1)　$k - \varepsilon$ モデル

$k - \varepsilon$ モデルは乱流エネルギー k，およびエネルギー散逸率 ε の方程式を用いて渦動粘性係数 ν_t を求めるモデルである [4]．代表的な標準 $k - \varepsilon$ モデルを記す．

$$\nu_t = C_\mu \frac{k^2}{\varepsilon} \tag{2.36}$$

$$\frac{\partial k}{\partial t} + u_j \frac{\partial k}{\partial x_j} = \frac{\partial}{\partial x_j}\left\{\left(\nu + \frac{\nu_t}{\sigma_k}\right)\frac{\partial k}{\partial x_j}\right\} + P_k - \varepsilon \tag{2.37}$$

$$\frac{\partial \varepsilon}{\partial t} + u_j \frac{\partial \varepsilon}{\partial x_j} = \frac{\partial}{\partial x_j}\left\{\left(\nu + \frac{\nu_t}{\sigma_\varepsilon}\right)\frac{\partial \varepsilon}{\partial x_j}\right\} + \frac{\varepsilon}{k}(C_{\varepsilon 1}P_k - C_{\varepsilon 2}\varepsilon) \tag{2.38}$$

$$P_k = \frac{1}{2}\nu_t\left(\frac{\partial \bar{u}_i}{\partial x_j} + \frac{\partial \bar{u}_j}{\partial x_i}\right)^2 \tag{2.39}$$

ここで，P_k はエネルギー生産項，$C_\mu = 0.09$，$\sigma_k = 1.0$，$\sigma_\varepsilon = 1.3$，$C_{\varepsilon 1} = 1.44$，$C_{\varepsilon 2} = 1.92$ である．なお，標準 $k - \varepsilon$ モデルは流れが物体に衝突する領域で乱流エネルギーを過大評価することから，修正型の $k - \varepsilon$ モデルも提案されている [15]．

(2)　$k - \omega$ モデル

$k - \omega$ モデルは乱流エネルギー k，および比散逸率 $\omega = \varepsilon/k$ の方程式を用いて渦動粘性係数 ν_t を求めるモデルである [4]．Wilcox の提案した $k - \omega$ モデルを記す．

$$\nu_t = \frac{k}{\omega} \tag{2.40}$$

$$\frac{\partial k}{\partial t} + u_j \frac{\partial k}{\partial x_j} = \frac{\partial}{\partial x_j}\left\{\left(\nu + \frac{\nu_t}{\sigma_k}\right)\frac{\partial k}{\partial x_j}\right\} + P_k - \beta^* k\omega \tag{2.41}$$

$$\frac{\partial \omega}{\partial t} + u_j \frac{\partial \omega}{\partial x_j} = \frac{\partial}{\partial x_j}\left\{\left(\nu + \frac{\nu_t}{\sigma_\omega}\right)\frac{\partial k}{\partial x_j}\right\} + \gamma\frac{\omega}{k}P_k - \beta^*\omega^2 \tag{2.42}$$

$$P_k = \frac{1}{2}\nu_t\left(\frac{\partial \bar{u}_i}{\partial x_j} + \frac{\partial \bar{u}_j}{\partial x_i}\right)^2 \tag{2.43}$$

ここで，$\beta^* = 0.09$，$\sigma_k = 2.0$，$\sigma_\varepsilon = 2.0$，$\gamma = 5/9$，$\beta = 0.075$ である．なお，$k - \omega$ モデルは壁面近傍の流れの再現性は良好であるが，自由流れの精度が低下するといわれている．その点を改良するため，壁面から離れた領域では $k - \varepsilon$ モデルに，壁面近傍では $k - \omega$ モデルに移行する $k - \omega$ SST モデ

ルも提案されている[16].

2.3　流体計算の方法

　乱流モデルによりモデル化された Navier-Stokes 方程式の流体計算では，領域，変数，方程式に対して有限個の評価点によって表現される離散化が行われ，近似解を得ることによって実現される．
　領域の離散化に対して，格子生成が必要な方法と，必要のない方法に大別できる．橋梁の耐風設計で対象とする流れにおいて，境界層剥離が重要な要素の一つになる．このような流れの再現を考慮すると，境界層に対して常に密な評価点が必要になるため，格子生成が必要な方法が有効である．そこで，本節では，格子生成が必要な代表的な離散化手法および計算格子について概説する．また，橋梁の耐風設計を対象とした流体計算で必要とされる境界条件の設定についても扱う．

2.3.1　離散化手法

　流れの支配方程式の離散化手法のうち，格子生成が必要な代表的なものとして，有限差分法，有限体積法，有限要素法がある．これらの概念図を図 2-1 に示す．
　有限差分法は，流れの支配方程式の微分形式を基礎とする．領域の離散化には，一般に格子点を規則的に配置させる構造格子が用いられ，変数の評価点は格子点上となる．方程式の離散化には，流れの支配方程式の各微分項に対して整合性をもつ有限差分近似が行われる．構造格子を用いる有限差分法は，計算空間における隣接格子点が直線上にあるため，高次精度の有限差分近似の導入に有効である．また，構造格子の規則性から，計算機のアーキテクチャに合わせた計算効率の最適化を比較的容易に実現できる．
　有限体積法は，保存則によって得られる流れの支配方程式の積分形式を基礎とする．領域は検査体積（コントロールボリューム）あるいはセルの集合によって表される．変数は検査体積の積分平均値として評価される．積分形の保存則を満足させるように，検査体積の界面からの流束の出入り，内部での発生，消滅を組み込むことで離散式が得られる．計算格子は，構造格子，非構造格子のいずれも用いることができる．有限体積法は，保存則と整合的な離散化となる特徴がある．また，格子生成に高い柔軟性をもつことから，多くの流体計算ソフトウェアの標準的な離散化手法として採用されている．
　有限要素法は，流れの支配方程式の微分形式に重み関数を乗じて積分して得られる弱形式を基礎とする．領域は要素の集合によって表される．変数の評価点は主に節点（格子点）上となる．変数の分布は，節点（格子点）上の変数の値と補間関数の線型結合によって関数近似される．重み関数に対しても，変数の関数近似と同自由度数によって適切に関数近似が行われ，これらを積分形の弱形式に代入することによって離散式が得られる．計算格子は，構造格子，非構造格子のいずれも用いることができる．
　流体計算では，移流項の離散化，圧力と流速のカップリング，変数配置，時間の離散化，連立一次方程式の解法等といった多くの課題がある．これらの詳細については，各種教科書（たとえば文献[3, 4, 5, 6]，[17, 18, 19, 20]）を参照していただきたい．

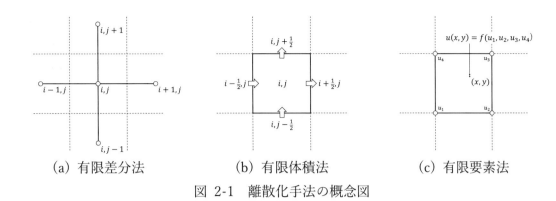

（a）有限差分法　　　　（b）有限体積法　　　　（c）有限要素法

図 2-1　離散化手法の概念図

2.3.2 計算格子

　計算格子の種類は，格子点を規則的に配置させる構造格子と規則性を必要としない非構造格子に分けられる（図 2-2 (a)〜(c)）．また，構造格子は，直交格子（図 2-2 (a)）と座標変換によって物理空間の座標系を計算空間の座標系の直交格子に変換する境界適合格子（図 2-2 (b)）がある．

　直交格子では境界が格子線と沿わない場合に形状再現性に対して課題があるが，境界適合格子は比較的単純な形状に対してこの課題に対処することができる．また，構造格子であっても，境界条件の処理に対して Immersed Boundary 法[21]や Cut Cell 法[22]を適用することによって，形状再現性を高める手法も提案されている．

　非構造格子は二次元では三角形や四角形，三次元では四面体（テトラ）や六面体（ヘキサ）の小領域（要素，セル）に分割して形状を表現することから，任意の形状の表現が可能であり，格子の疎密の調整も局所的に行うことができる．特に有限体積法は，二次元では多角形，三次元では五面体（ピラミッド，プリズム），多面体（ポリヘドラル）の要素も可能であり，さらに，辺または面上に格子点を持つようなハンギングノードを持つ格子分割（図 2-2 (g)）も可能となっている．一方，分割された小領域単位の離散化を考えることから，高次精度の近似が難しい．また，格子の規則性を利用することができないため，計算効率において構造格子と比べて劣るものになる．

　単一の構造格子を用いた場合には，計算精度や計算効率を高めることに優れるが，複雑な形状に対応することには限界がある．そこで，複数の格子の組み合わせによって，形状の表現能力を向上させることも行われている．これらの手法として，格子の重複を許容する重合格子（図 2-2 (d)）と重複を許容しない複合格子（図 2-2 (e)）が挙げられる．

　重合格子では，重なり合う格子間の境界または境界近傍での相互の内挿補間によって情報交換が行われる．個々の格子は独立に生成されるため，格子生成に対する自由度が高い．一方，格子間での情報交換が煩雑になること，内挿補間により保存則を厳密に満足しないといった問題点がある．

　複合格子は，あらかじめ領域を複数の格子ブロックに分割し，個々のブロックで構造格子を生成する方法である．領域分割法あるいはマルチブロック法とも呼ばれる．接合境界で境界面を一致させる必要があるため，格子生成の手間はある程度必要であるが，格子間での情報交換は接合境界面のみでよい．

　一方，階層的に直交格子を形成する階層型直交格子（図 2-2 (f)）を用いた手法が，複雑形状の流れ場に適用できる手法として近年注目されている．このような格子は古くから，必要な領域に対し

てのみ部分的に直交格子を細分化する適合格子細分化法（Adaptive Mesh Refinement, AMR）[23]
で用いられてきた．さらに，高い並列計算性能を実現する新しい手法として，直交格子積み上げ法
（Building-Cube Method）[24]が提案されている．この手法では，各キューブ（直交格子で分割さ
れた領域）に同一分割数のセル数を持たせ，並列計算機の各コアで計算させることによって，各コ
アが受け持つ計算時間が平準化され，高い並列計算効率の実現が可能になる．境界条件の処理に対
して，前述の Immersed Boundary 法や Cut Cell 法を適用することも可能である．

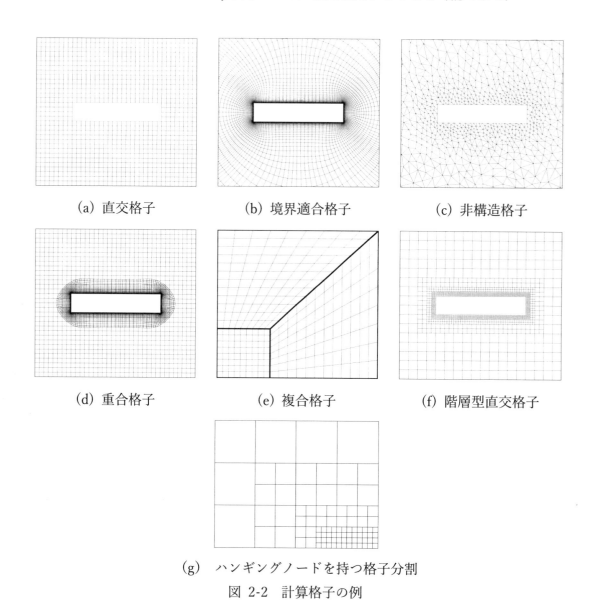

(a) 直交格子　　　　　　　(b) 境界適合格子　　　　　　(c) 非構造格子

(d) 重合格子　　　　　　　(e) 複合格子　　　　　　(f) 階層型直交格子

(g) ハンギングノードを持つ格子分割

図 2-2　計算格子の例

2.3.3 境界条件

　流れ問題の境界条件は，u_i を i 成分の流速，σ_{ij} を ij 成分の Cauchy の応力，n_i を i 成分の単位外向き
法線ベクトルとすると，一般に以下のように境界 $(\Gamma_g)_i$ 上の既知の流速 g_i による Dirichlet 条件と境
界 $(\Gamma_t)_i$ 上の既知の traction（表面力）t_i による Neumann 条件によって与えられる．

$$u_i = g_i \quad \left((\Gamma_g)_i 上 \right) \tag{2.44}$$

$$\sigma_{ij} n_j = t_i \quad \left((\Gamma_t)_i 上 \right) \tag{2.45}$$

上の 2 つの式を問題の設定に応じて適切に与えていくことになる．

本ガイドラインで対象とする橋梁の耐風設計における流体計算では，基本的に一様流中に置かれた橋桁まわりの流れを解くことになる．流体計算では限られた領域のみしか扱うことができないため，図 2-3 に示すように人為的に解くべき橋桁周辺の限られた領域を取り出して考えることになる．ここでは，領域を直方体として設定した場合を示している．Γ_1 は流入境界，Γ_2 は流出境界，Γ_3，Γ_3' は鉛直方向境界，Γ_4，Γ_4' はスパン方向境界であり，これらの境界は橋桁から十分に離れた位置に設定する必要がある（3.3.2 節を参照）．また，Γ_5 は橋桁の壁面境界である．

流入境界 Γ_1 では自由流れ条件として，一様流を与える．

$$\boldsymbol{u} = (U, 0, 0)^T \quad \left(\Gamma_1 上 \right) \tag{2.46}$$

流出境界 Γ_2 $(\boldsymbol{n} = (1, 0, 0)^T)$ では自由流出条件として，無限遠方での圧力が 0 のとき，以下のような traction-free 条件を与える．

$$(\sigma_{11}, \sigma_{21}, \sigma_{31})^T = \boldsymbol{0} \quad \left(\Gamma_2 上 \right) \tag{2.47}$$

また，渦が非定常に流出するような流れに対しては，移流方程式の Γ_2 上での解を Dirichlet 条件として与えることもあり，移流型境界条件あるいは Sommerfeld 放射条件と呼ばれる．

$$\frac{\partial u_i}{\partial t} + U_c \frac{\partial u_i}{\partial x_1} = 0 \tag{2.48}$$

ここで，U_c は流出境界上の渦構造の移流速度であり，一様流を基本として，種々の設定法が提案されている[25]．

鉛直方向境界 Γ_3，Γ_3' $(\boldsymbol{n} = (0, \pm1, 0)^T)$ およびスパン方向境界 Γ_4，$\Gamma_4'$$(\boldsymbol{n} = (0, 0, \pm1)^T)$ では，法線方向流速およびせん断応力が 0 となる対称境界条件（free-slip 条件），または，周期境界条件を与える．

$$(\sigma_{12}, u_2, \sigma_{32})^T = \boldsymbol{0} \quad (\Gamma_3,\ \Gamma_3' 上) \quad または \quad f|_{\Gamma_3} = f|_{\Gamma_3'} \tag{2.49}$$

$$(\sigma_{13}, \sigma_{23}, u_3)^T = \boldsymbol{0} \quad (\Gamma_4,\ \Gamma_4' 上) \quad または \quad f|_{\Gamma_4} = f|_{\Gamma_4'} \tag{2.50}$$

ここで，f は流速，圧力等の変数である．

橋桁が静止している場合の壁面境界Γ_5では，滑りなし条件（no-slip条件）を与える．

$$\boldsymbol{u} = \boldsymbol{0} \quad （\Gamma_5上）$$ (2.51)

壁面境界において平行な乱流境界層が形成されている場合には，壁面付近の格子点数を減らすために壁法則に基づく境界条件が設定されることもある．

　橋桁が振動を伴う場合には，橋桁上の境界が移動するために，移動境界問題を考慮しなければならない．境界条件も移動境界問題の扱いに応じて適切に設定する必要がある．このような移動境界問題に有効な手法の一つに，Arbitrary Lagrangian-Eulerian（ALE）法[26]がある．この方法では橋桁の振動に合わせて領域を変形させながら数値計算を進めることになる．一方，領域を変形させない方法として，橋桁の振動が無限流体中に置かれた単一剛体運動に限られると仮定できれば，領域全体を橋桁の振動に合わせて移動させるか，剛体運動に乗せた移動座標系によって支配方程式を記述する方法も有効である．また，スライディングメッシュを利用することによって，橋桁の周辺の領域のみを剛体運動させる方法も有効である．

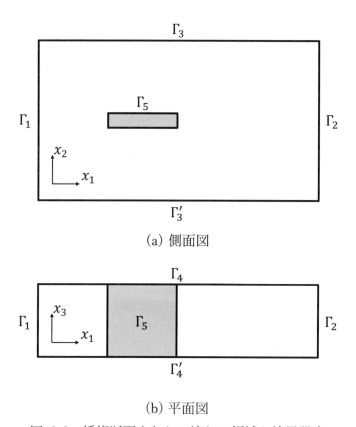

(a) 側面図

(b) 平面図

図 2-3　橋桁断面まわりの流れの領域と境界設定

2.4　数値流体解析による橋梁桁断面の空力特性評価の現状と課題

2.4.1 LES

　LES は格子幅以下の乱流変動成分をモデル化する．格子幅を，乱流の統計的性質が成立する周波数帯域に相当するサイズに設定すれば，解析対象に対するモデル依存性を考慮する必要がない．一方で，RANS に比べて小さい格子幅が必要になること，三次元解析を実施しなければ正確な結果が得られないことから，RANS に比べて計算負荷は高い．しかし，モデル依存性を考慮する必要がないことから，様々な流れの問題に適用され，風洞実験と同等の精度を有する解析結果が得られている．

　以下に過去に実施された LES による橋梁桁断面の空力特性評価の解析事例を紹介する．

　Sarwar らは高欄などを有する一箱桁断面の解析を LES により行った[27]．解析により得られた静的三分力係数および非定常空気力係数は，どちらも風洞実験結果と良い一致が見られた．さらに，高欄などの付加物の有無が各結果に及ぼす影響についても定量的に検討されている．

　伊藤と Graham は，LES を用いて一箱桁断面の解析を実施し，スパン方向の解析領域が結果に与える影響を検討した[28]．種々のスパン方向サイズでの解析を実施し，平均空気力係数と非定常空気力係数に対してスパン方向の解析領域サイズが及ぼす影響は大きくないものの，静止した箱桁断面の変動空気力に対してスパン方向の領域サイズは強く影響することを示した．

　石原は，高欄や検査車レールなどの付加物を有する実橋梁桁断面の空気力評価，応答評価を LES により検討した[29]．定常・非定常空気力，および渦励振の振幅を精度良く評価しており，風洞実験と同程度の評価ができるレベルに達したと述べられている．

2.4.2 RANS

　RANS は乱流変動のすべての周波数成分をモデル化する．言い換えれば乱流エネルギーの生成から消散過程までをモデル化することから，流れの平均成分が二次元的であれば二次元解析が実施可能になるという特徴がある．計算負荷の観点から二次元解析による評価ができるメリットは非常に大きい．橋梁の部分模型まわりの流れを対象とした場合，主流は大半が二次元的と考えられる．そのため，RANS を用いた橋梁桁断面の空力特性を評価する解析は一般的に二次元解析が実施されてきた．

　以下に過去に実施された RANS による橋梁桁断面の空力特性評価の解析事例を紹介する．

　黒田は $k-\omega$ SST モデル[30]を用いて一箱桁断面の解析を行った[16]．解析により得られた静的三分力係数のうち，揚力係数とモーメント係数は実験結果とよく一致した．抗力係数についても，一箱桁断面に作用する抗力がさほど大きくないことを考慮すると，十分な精度の結果が得られたと言える[31]．非定常空気力係数は，すべての係数が風洞実験結果と良好に一致した[16]．さらに杉本ら，上島らは，黒田の解析手法を用いて開口部を有する二箱桁断面の解析を実施し，非定常空気力を算出した[32, 33]．迎角 0 度の場合は風洞実験結果に比較的良く一致したものの，迎角 5 度になると一部の係数に実験値との差異が生じた．

　川﨑らは断面辺長比 $B/D=4$ の矩形断面を $4D$ の間隔を空けて流れに並列配置した並列矩形断面，それにフェアリングを付加した断面，さらに開口部にセンターバリアを設置した 3 つの断面の静的

三分力係数を評価する解析を行った[34]．乱流モデルには Spalart–Allmaras モデルが用いられた．並列矩形断面およびフェアリングを付加した断面は，迎角±3 度の範囲で実験値と良好な結果が得られた．一方で，センターバリアを有するケースでは小迎角領域でも実験値との差異が見られた．

　Shirai らは，非線形$k-\varepsilon$モデル[35]を用いて水平，鉛直スタビライザーやグレーチングを有する二箱桁断面の非定常空気力特性の解析を行った[36]．スタビライザーによる流れの安定化効果は確認できたものの，いくつかの条件下では非定常空気力係数に実験値との差異が見られた．

　Brusiani らは Great Belt East 橋の断面形状を模擬した一箱桁断面を対象に，$k-\omega$ SST モデルを用いた解析を行った[37]．ただし，フェアリングを除き実橋の付加物はすべて取り除いたモデルを対象に解析を行っている．静的三分力係数は，解析した迎角が少ないものの，すべてのケースで実験値と良好な一致を示している．非定常空気力係数は迎角 3 度の状態を対象に算出されているが，一部の係数に実験値との差異が見られた．

　嶋田らは，修正$k-\varepsilon$モデル[15]を用いて幅広い断面辺長比の矩形断面の解析を実施した[38]．$k-\varepsilon$モデルは壁面から離れた対数領域においてモデルパラメータがチューニングされているため壁面近傍の扱いが重要となるが，嶋田らは壁面近傍に低 Re 数型 1 方程式モデルを用いる Two-layer モデル[39]を用いている．他にも壁関数を用いる方法が考えられる[15]．静的三分力係数は迎角 0 度の場合に限られるものの，すべての辺長比で平均抗力係数とストローハル数が実験値と良好な一致を示した．さらに，$B/D=2,4$の矩形断面を対象として，非定常空気力の算出およびたわみ 1 自由度，ねじれ 1 自由度の自由振動の解析を行った[40, 41]．解析結果は概ね実験結果と一致したものの，一部実験結果と整合しない部分が見られた．

2.4.3　現状と課題

　2.4.1 および 2.4.2 節に記した事例から，数値流体解析による橋梁の耐風設計に関する解析の現状と課題は以下のようにまとめられる．

- ・　LES は静的三分力，非定常空気力，振動応答について，おおむね風洞実験と同程度の精度の評価ができる．
- ・　ただし，LES の計算負荷は RANS に比べて大きい．
- ・　RANS では壁面近傍の流れの挙動を精度よく表現するため，修正$k-\varepsilon$モデルや$k-\omega$ SSTモデルなどのモデルが提案され，広く用いられている．
- ・　RANS による解析では，静的三分力係数は，付加物を有さない断面であれば迎角±3 度の範囲内で良好に再現できる．したがって，形状の検討などに RANS を用いることは有用である．
- ・　付加物を有する断面を対象にした RANS による解析では，静的三分力であっても予測が難しい場合がある．
- ・　RANS により得られた非定常空気力は，実験値と一致する結果が得られている事例もあるが，一部の係数に実験値との差異が生じる事例が多数見られる．ただし，その原因が詳細に解明されているわけではない．
- ・　自由振動の場合は解析事例自体が少なく，RANS でどの程度の精度の予測が可能か言及することは難しい．

・ 形状を検討する概略検討段階と，非定常空気力の評価や付加物の影響を検討する詳細検討段階に分けると，RANS と LES の利用方法は大まかに表 2-1 のようにまとめられる．

表 2-1　RANS と LES の利用方法

	概略検討	詳細検討
RANS	○	△ （他の手法との組み合わせが必要*)
LES	○ （計算負荷大）	○

*一部のケースについて，RANS の解析結果の妥当性を LES で検証するなど．

　前節のいくつかの論文の中にも述べられているが，RANS は Kármán 渦や前縁剥離渦などの周期性を有する流れの変動を良好な精度で予測できる．したがって，流れの周期的変動成分が，橋梁桁断面の空力特性に支配的である場合，良好な結果が得られると考えられる．一方で，複雑な乱流変動による影響が支配的である場合，選択した乱流モデルがその現象を再現できるか否かにより，解析精度が大きく異なると考えられる．RANS による解析を実施する場合，このような点も考慮する必要がある．

参考文献

[1]　日野 幹雄, "流体力学", 朝倉書店, 1992.

[2]　桑原 邦郎, 河村 哲也, "流体計算と差分法", 朝倉書店, 2005.

[3]　J. H. Ferziger and M. Perić, "コンピュータによる流体力学", シュプリンガー・フェアラーク東京, 2003.

[4]　梶島 岳夫, "乱流の数値シミュレーション（改訂版）", 養賢堂, 2014.

[5]　藤井 孝蔵, "流体力学の数値計算法", 東京大学出版会, 1994.

[6]　日本計算工学会（編）, "有限要素法による流れのシミュレーション（第3版）", 丸善出版, 2017.

[7]　木田 重雄, "乱流力学", 朝倉書店, 1999.

[8]　吉澤 徴, "乱流解析", 東京大学出版会, 1995.

[9]　J. Smagorinsky, "General circulation experiments wiht the primitive equations I. The basic experiment", *Monthly Weather Review*, vol. 91, pp. 99–164, 1963, doi: 10.1126/science.27.693.594.

[10]　J. W. Deardorff, "A numerical study of three-dimensional turbulent channel flow at large Reynolds numbers", *Journal of Fluid Mechanics*, vol. 41, no. 2, pp. 453–480, Apr. 1970, doi: 10.1017/S0022112070000691.

[11]　M. Germano, U. Piomelli, P. Moin, and W. H. Cabot, "A dynamic subgrid-scale eddy viscosity model", vol. 3, no. 7, pp. 1760–1765, 1991, doi: 10.1063/1.857955.

[12]　D. K. Lilly, "A proposed modification of the Germano subgrid‐scale closure method", *Physics of Fluids*, vol. 4, pp. 633–635, 1992.

[13]　F. Nicoud and F. Ducros, "Subgrid-Scale Stress Modelling Based on the Square of the Velocity Gradient Tensor", *Flow, Turbulence and Combustion*, vol. 62, no. 3, pp. 183–200, 1999, doi: 10.1023/A:1009995426001.

[14]　H. Kobayashi, F. Ham, and X. Wu, "Application of a local SGS model based on coherent structures to complex geometries", *International Journal of Heat and Fluid Flow*, vol. 29, no. 3, pp. 640–653, Jun. 2008, doi: 10.1016/J.IJHEATFLUIDFLOW.2008.02.008.

[15]　加藤 真志, "修正生産項 k-ε を用いた静止・振動角柱周りの二次元流れ解析", 土木学会論文集, vol. 1997, no. 577, pp. 217–230, 1997, doi: 10.2208/jscej.1997.577_217.

[16]　黒田 眞一, "2方程式乱流モデルを用いた長大橋非定常空気力の数値計算", 土木学会論文集, no. 654, pp. 377–387, 2000, doi: 10.2208/jscej.2000.654_377.

[17]　越塚 誠一, "数値流体力学", 培風館, 1997.

[18]　桑原 邦郎, 河村 哲也, "流体計算と差分法", 朝倉書店, 2005.

[19]　藤井 孝藏, 立川 智章, "Pythonで学ぶ流体力学の数値計算法", オーム社, 2020.

[20]　肖 鋒, 長﨑 孝夫, "数値流体解析の基礎 Fundamentals of Computational Fluid Dynamics for Both Compressible and Incompressible Flows : Visual C++ と gnuplot による圧縮性・非圧縮性流体解析", コロナ社, 2020.

[21]　R. Mittal and G. Iaccarino, "Immersed Boundary Methods", *Annual Review of Fluid Mechanics*, vol. 37, no. 1, pp. 239–261, Jan. 2005, doi: 10.1146/annurev.fluid.37.061903.175743.

[22]　M. J. Aftosmis, M. J. Berger, and J. E. Melton, "Robust and Efficient Cartesian Mesh Generation for Component-Based Geometry", *AIAA Journal*, vol. 36, no. 6, pp. 952–960, Jun. 1998, doi: 10.2514/2.464.

[23]　M. J. Berger and P. Colella, "Local adaptive mesh refinement for shock hydrodynamics", *Journal of Computational Physics*, vol. 82, no. 1, pp. 64–84, May 1989, doi: 10.1016/0021-9991(89)90035-1.

[24]　K. Nakahashi, "Building-Cube Method for Flow Problems with Broadband Characteristic Length", in *Computational Fluid Dynamics 2002*, 2003, pp. 77–81.

[25]　吉田 尚史, 渡辺 崇, 中村 育雄, "角柱流れの流出境界条件に関する数値的研究", 日本機械学会論文集 B編, vol. 59, no. 565, pp. 2799–2806, 1993.

[26]　Y. Bazilevs, K. Takizawa, and T. E.Tezduyar, "流体-構造連成問題の数値解析", 森北出版, 2015.

[27]　M. W. Sarwar, T. Ishihara, K. Shimada, Y. Yamasaki, and T. Ikeda, "Prediction of aerodynamic characteristics of a box girder bridge section using the LES turbulence model", *Journal of Wind Engineering and Industrial Aerodynamics*, vol. 96, no. 10–11, pp. 1895–

1911, Oct. 2008, doi: 10.1016/j.jweia.2008.02.015.

[28] 伊藤 靖晃, J. M. R. Graham, "LESによる箱桁橋梁断面の空気力評価とスパン方向解析領域の影響の検討", 土木学会論文集A1（構造・地震工学）, vol. 73, no. 1, pp. 218–231, 2017, doi: 10.2208/jscejseee.73.218.

[29] 石原 孟, "数値流体解析による長大橋の耐風設計", 日本風工学会誌, vol. 34, no. 4, 2009.

[30] F. R. Menter, "Two-equation eddy-viscosity turbulence models for engineering applications," *AIAA Journal*, vol. 32, no. 8, pp. 1598–1605, Aug. 1994, doi: 10.2514/3.12149.

[31] 平野 廣和, 黒田 眞一, "和文討議 黒田眞一著「2方程式乱流モデルを用いた長大橋非定常空気力の数値計算」への討議・回答", 土木学会論文集, no. 703, p. 357～361, 2002.

[32] 上島 秀作, 黒田 眞一, 山内 邦博, 杉本 高志, "数値流体解析による扁平な二箱桁断面の非定常空気力特性の評価", 風工学シンポジウム論文集, vol. 20, p. 47, 2008.

[33] 杉本 高志, 黒田 眞一, 市東 素明, 松田 一俊, 上島 秀作, "風洞実験と数値計算による二箱桁断面の非定常空気力に関する研究", 構造工学論文集, vol. 51A, pp. 933–943, 2005.

[34] 川崎 貴之, 樽川 智一, 佐藤 亮, 平野 廣和, 佐藤 尚次, "数値流体解析による二箱桁断面橋梁の耐風安定性の検討", 応用力学論文集, vol. 11, pp. 761–768, 2008, doi: 10.2208/journalam.11.761.

[35] T. H. Shih, J. Zhu, and J. L. Lumley, "A Realizable Reynolds Stress Algebraic Equation Model", *Proceedings of the Ninth Symposium on Turbulence Shear Flows*, Kyoto, Japan, 1993.

[36] S. Shirai and T. Ueda, "Aerodynamic simulation by CFD on flat box girder of super-long-span suspension bridge", *Journal of Wind Engineering and Industrial Aerodynamics*, vol. 91, no. 1–2, pp. 279–290, Jan. 2003, doi: 10.1016/S0167-6105(02)00351-3.

[37] F. Brusiani, S. de Miranda, L. Patruno, F. Ubertini, and P. Vaona, "On the evaluation of bridge deck flutter derivatives using RANS turbulence models", *Journal of Wind Engineering and Industrial Aerodynamics*, vol. 119, pp. 39–47, Aug. 2013, doi: 10.1016/j.jweia.2013.05.002.

[38] 嶋田 健司, 孟 岩, "種々の断面辺長比を有する矩形断面柱の空力特性評価に関する修正型 $k-\varepsilon$ モデルの適用性の検討", 日本建築学会構造系論文集, no. 514, p. 73～80, 1998.

[39] W. Rodi, "Experience with two-layer models combining the k-epsilon model with a one-equation model near the wall", *29th Aerospace Sciences Meeting*, American Institute of Aeronautics and Astronautics, 1991. doi: doi:10.2514/6.1991-216.

[40] 嶋田 健司, 石原 孟, "構造基本断面の空力不安定振動応答評価に関する二次元非定常 $k-\varepsilon$ モデルの適用性の検討," 土木学会論文集A, vol. 65, no. 3, pp. 554–567, 2009, doi: 10.2208/jsceja.65.554.

[41] K. Shimada and T. Ishihara, "Predictability of unsteady two-dimensional $k-\varepsilon$ model on the aerodynamic instabilities of some rectangular prisms," *Journal of Fluids and Structures*, vol. 28, pp. 20–39, Jan. 2012, doi: 10.1016/J.JFLUIDSTRUCTS.2011.08.013.

第3章 静的空気力係数の評価方法

3.1 静的空気力係数の評価方法

3.1.1 静的空気力係数の定義

各空気力係数は次式の通り定義する.

$$\overline{Drag(t)} = \frac{1}{2}\rho U^2 DLC_D \tag{3.1}$$

$$\overline{Lift(t)} = \frac{1}{2}\rho U^2 BLC_L \tag{3.2}$$

$$\overline{Moment(t)} = \frac{1}{2}\rho U^2 B^2 LC_M \tag{3.3}$$

ただし, $\overline{Drag(t)}$：平均抗力, $\overline{Lift(t)}$：平均揚力, $\overline{Moment(t)}$：平均空力モーメント, ρ：空気密度, U：平均風速, D：桁高, B：幅員, L：桁長, C_D：抗力係数, C_L：揚力係数, C_M：モーメント係数, t：時間であり, $\overline{(\ )}$は時間平均を表す. また, 抗力および揚力は風軸を基準に算出する.

　静的空気力係数は, 適切に計算された数値流体解析結果から算出される平均空気力を基準速度圧 $1/2\,\rho U^2$ および代表長さ(D, B, B^2)で基準化して算出する. ただし, 平均風速 U は, 橋梁断面の影響がない上流側に十分に離れた位置の値を用いる. 一般には流入風速が利用される. 抗力および揚力は, 風軸に基づいた算出手法と構造軸に基づいた算出手法があるが, 風軸に基づいた算出手法を基本とする[1].

3.1.2 空気力の算出方法

　橋梁断面に作用する空気力は, 表面圧力および粘性による摩擦力の積分により算出することを基本とする.

　橋梁に作用する空気力は, 表面圧力および粘性による摩擦力の積分により算出することができる. ただし, 剥離を伴う一般的な橋梁断面では, レイノルズ数が十分に大きい場合には表面圧力と比較して粘性による摩擦力は十分小さいため, 粘性による摩擦力を考慮せず, 表面圧力の積分により空気力を算出することができる.

3.1.3 迎角の範囲

> 静的空気力係数は，想定されるねじれ変形量を含めた接近流の相対的な迎角を考慮できるよう，適切に設定された迎角範囲において測定する．

　橋梁の耐風設計に用いるために静的空気力係数を算出する場合，構造解析で想定されるねじれ変形量を考慮できる迎角範囲において測定を行うことを基本とする．なお，明石海峡大橋風洞試験要領（1990）・同解説[1]によると，風洞試験では，−15 度から+15 度の範囲において 1 度毎に静的空気力係数の評価を行うことが規定されている．一方，数値流体解析では計測ケース数に比例して計算負荷が大きくなるため，計測ケースを適宜設定することを推奨する．ただし，真のねじれ変形量は，測定された静的空気力係数を用いた構造解析により評価されることから，評価を行う迎角範囲は想定されるねじれ変形量に対して，十分な余裕を持った範囲で設定することが必要である．

3.1.4 レイノルズ数

> 桁高 D および平均風速 U を用いて算出されるレイノルズ数を 10,000 以上とすることを基本とする．ただし，レイノルズ数の影響を受けやすい曲面形状を有する場合，目的に応じてレイノルズ数を適切に設定する．

　Navier-Stokes 方程式は，代表長さと代表風速を用いて無次元化することにより，レイノルズ数を唯一のパラメータとして表すことができる．このため，橋のモデル化に伴う縮尺や平均風速によらず，レイノルズ数が一定であれば同一の流れ場が形成される．実大スケールの橋梁では，桁高 D および平均風速 U を用いて算出されるレイノルズ数が，一般的に $10^6 \sim 10^7$ オーダーとなる．一方，風洞実験は，実構造物より $10^2 \sim 10^3$ オーダーの低い $10^4 \sim 10^5$ のレイノルズ数で行われることが多い．このため，現象がレイノルズ数の影響を受けることが周知の円柱や曲面形状を持つ構造物の実験では，レイノルズ数の相似性に注意して検討が行われている．一方，橋桁のように剥離点が固定されている形状を対象とする場合，一定以上のレイノルズ数を用いれば，現象はレイノルズ数の影響を受けないという前提で各種実験が行われている．土木学会構造工学委員会風洞実験相似則検討小委員会での検討では，断面形状に応じた実験レイノルズ数の下限値の目安として 10,000 を提案している[2]．このため，多くの風洞実験が $10^4 \sim 10^5$ 程度のレイノルズ数で実施されている．数値流体解析においても，風洞実験と同様に $10^4 \sim 10^5$ 程度のレイノルズ数を用いることが必要である．ただし，大きなレイノルズ数を用いる場合には，それに応じて細かな解析格子を用いる必要があり計算負荷の増大に繋がることに注意を要する．

　曲面や凹凸によりレイノルズ数に応じて剥離点が変化する可能性がある場合には，レイノルズ数の影響に注意して評価を行うことが必要である．

3.1.5 評価時間とサンプリング周波数

> 評価時間による平均値への影響が生じないよう，評価時間は十分長く設定する．渦の挙動を適切に捉えるよう，サンプリング周波数を設定する．

　非定常解析では，評価時間やサンプリング周波数が静的空気力係数の評価結果に影響を及ぼさないよう，十分に長い評価時間および十分に高いサンプリング周波数を用いる必要がある．評価時間は，複数の評価時間を用いて静的空気力係数を算出し，評価時間が結果に影響を及ぼさないことを確認する必要がある．サンプリング周波数は，解析の途中で変更することが困難である場合が多いので，渦の挙動を適切に捉えることができるよう，同様の条件で実施される風洞実験のサンプリング周波数などを参考に，あらかじめ十分に検討した上で設定することを推奨する．

3.2　解析のための条件設定

3.2.1　離散化手法

(1)　空間離散化

1)　離散化の精度

> 　空間離散化の精度は 2 次精度以上を基本とする．

　数値流体解析では連続体の流れを解析格子などで離散化して解く必要がある．この際，空間離散化に十分な精度を確保しないと流れ場が適切に再現できない．空間離散化には十分な精度が確保できるよう 2 次精度以上を用いることを基本とする[3]．

2)　上流化手法

> 　対流項に対しては数値振動が起きない最低限度の数値粘性項を付加しても良い．

　小さなスケールの渦まで計算する LES において，静的空気力を適切に評価するためには，高周波数域の変動成分まで適切に解析することが必要である．2 次精度中心差分などでは，数値粘性項を付加しないと数値的な振動が発生することがある．数値振動を抑制するため対流項に数値粘性を付加する場合には，非物理的な粘性項であることを勘案し，数値安定化のために必要な最低限度の粘性とする．2 次精度中心差分では，1 次精度風上差分における数値粘性項の 3%以下，4 次精度中心差分では，3 次精度風上差分における数値粘性項の 50%以下の数値粘性とすることを推奨する[3]．

(2)　時間積分

1)　時間精度

> 　時間積分に陽解法を用いる場合には 2 次精度以上，陰解法を用いる場合には 1 次精度以上を用いることを基本とする．

　1 次精度の陽解法では，計算精度が悪くなることがある．陽解法を用いる場合には Adams-Bashforth 法や 2 次精度以上の Runge-kutta 法などの 2 次精度以上の手法を用いることを推奨する．陰解法を用いる場合には，1 次精度以上の陰解法や Crank-Nikolson 法などが用いられる[3]．

2)　時間刻み

> 時間積分の手法や解析格子などを考慮して，時間刻みは適切に設定する．

　時間刻みが大きい場合，計算の発散や数値振動が発生する．一方，時間刻みが小さい場合，静的空気力係数を算出するために必要な計算ステップが大きくなり，解析時間が増える．このため，時間積分の手法や解析格子のサイズに応じて時間刻みを適切に設定する必要がある．陽解法では，解析の発散を抑制するためにはクーラン数を 1 以下としなければならない．陰解法では，クーラン数を 1 以上としても解析が発散するとは限らないが，時間刻みに対する収束性に注意が必要である（3.5.3 参照）．

3.2.2　乱流モデル

> Large Eddy Simulation に代表される 3 次元非定常解析手法を用いることを基本とする．数値流体解析の目的と精度，対象とする橋梁の形状などに応じて，乱流モデルは適切に選定する．

　橋桁の静的空気力など高レイノルズ数の流れ場を数値流体解析で解く場合，すべてのスケールの渦を解析で再現する DNS（Direct Numerical Simulation，直接数値シミュレーション）で計算を行うことは一般的に困難であり，乱流のモデル化を行う必要がある．乱流モデルは，大きく RANS（Reynolds Averaged Navier-Stokes）と LES（Large Eddy Simulation）に分けられる．RANS は，Navier-Stokes 方程式と連続式の未知変数である流速と圧力を，その平均成分と変動成分に分離し，Reynolds 平均と呼ばれる平均化処理を施すことで得られる流れの平均成分に関する方程式を解く方法である．一方，LES は，格子幅スケールのフィルター操作によって流れの高周波数成分を取り除いた物理量（Grid Scale 成分）に対する方程式を解く方法である．一般に，3 次元かつ非定常な計算を必要とする LES は計算負荷が大きく，2 次元かつ定常計算が可能な RANS は計算負荷が小さい．適切な乱流モデルは，数値流体解析の目的や必要な精度，対象とする橋梁の形状などによって異なる．解析にあたっては，これらを考慮して乱流モデルを適切に選定する必要がある．

　橋梁の静的空気力係数には，高欄で生じる剥離や前縁で生じた渦の流下など比較的細かなスケールの渦が大きな影響を及ぼすことが多いため，LES に代表される 3 次元非定常解析手法を用いることを基本とする．このため，以下の解析条件も LES を用いることを前提に設定している．RANS のうち標準 $k-\varepsilon$ モデルなどでは剥離性状を適切に再現できないことが確認されており，並列橋の静的空気力係数など，剥離せん断層の剥離・再付着の性状が静的空気力係数に大きな影響を及ぼす場合には，適切な修正を加えた RANS や LES を用いることが必要である．なお，乱流モデルについての詳細は 2.2 を参照されたい．

3.3　解析対象のモデル化

3.3.1 形状の再現

(1)　橋桁形状の再現

> 対象とする橋桁の形状は，解析の目的に応じて適切に再現する．

橋桁の形状は，解析の目的や必要な精度などに応じて適切に再現する必要がある．特に剥離が生じる隅角部の形状は，静的空気力係数に大きな影響を及ぼすため，可能な限り忠実に再現する必要がある．スパン方向については，解析手法や要求される精度に応じて，形状の再現方法および再現範囲を適切に選定する．

(2)　付属物の再現

> 高欄などの付属物については，解析の目的に応じて適切に再現する．

高欄や検査車レールなどは静的空気力係数に大きな影響を及ぼすため，解析の目的や必要な精度に応じて適切に再現する必要がある．高欄の再現方法として，高欄の形状をそのまま再現する方法，高欄の形状を単純化する方法，圧力損失係数を模擬して多孔質媒体として再現する方法，開口率を模擬して多孔質媒体として再現する方法などがある．高欄をそのまま再現する場合には，細かな解析格子が必要となり，格子点数や解析時間が大きくなる．一方，高欄の再現方法によっては，剥離性状が実際と異なる可能性もある．解析の目的や必要な精度に応じて，付属物は適切な手法で再現する．

3.3.2 解析格子の設定

解析領域および格子解像度の設定に関する概略図を図 3-1 に示す．詳細については以下に示すとおりである．

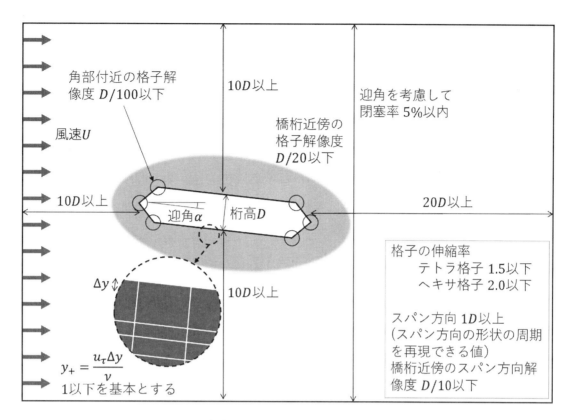

図 3-1　解析領域および格子解像度の設定

(1)　解析領域

1)　上流側範囲

> 橋桁から流入境界までの距離は，流入境界が橋桁まわりの風の流れに干渉しないよう適切に設定する．流入境界から橋桁の上流側端部までの距離は，桁高 D の 10 倍以上を基本とする．

　　流入境界は非物理的な境界であるため，橋桁と流入境界の距離が近すぎると，流入境界条件が橋桁近傍の流れ場に影響を及ぼす可能性がある．一方，流入境界と橋桁までの距離が遠いと，格子点数の増大に繋がり，計算負荷が増加する．このため，流入境界が橋桁近傍の流れ場に影響を及ぼさない範囲で，上流側の解析領域は適切に設定する必要がある．流入境界から橋桁の上流側端部までの距離は，桁高 D の 10 倍以上を基本とする．

2)　下流側範囲

> 橋桁まわりの風の流れが，流出境界の影響を受けない，十分離れた位置に流出境界を設定する．橋桁の下流側端部から流出境界までの距離は，桁高 D の 20 倍以上を基本とする．

　　流入境界と同様，流出境界も非物理的な境界であるため，橋桁と流出境界が近いと流出境界条件が橋桁近傍の流れ場に影響を及ぼす可能性がある．流出境界条件が橋桁近傍の流れ場に影響を及ぼさないよう，十分離れた位置に流出境界を設定する．静的空気力係数の評価においては，橋桁近傍

25

の渦を適切に再現することが必要である．このため，橋桁近傍の渦の形成に流出境界条件が影響を及ぼさないよう，橋桁の下流に数個程度の渦が形成可能な領域を用いることが必要である．ストローハル数は一般に 0.1 程度であるため，2 周期分の渦が解析領域内に形成されるためには，桁高Dの 20 倍の領域を用いることが必要であり，この値以上の領域を用いることを基本とする．

3)　鉛直方向範囲

> 　橋桁まわりの風の流れが，鉛直方向境界の影響を受けない，十分離れた位置に鉛直方向境界を設定する．橋桁の上面および下面端部から鉛直方向境界までの距離は，桁高Dの 10 倍以上を基本とする．

　流入境界と同様，鉛直方向境界も非物理的な境界であるため，橋桁と鉛直方向境界が近いと鉛直方向境界条件が橋桁近傍の流れ場に影響を及ぼす可能性がある．鉛直方向境界条件が橋桁近傍の流れ場に影響を及ぼさないよう，十分離れた位置に流出境界を設定する．なお，鉛直方向境界の位置を検討する場合には，5)に示す閉塞率も考慮する必要がある．

　風洞実験では，風洞の測定部の面積に対する実験模型の投影面積（迎角を考慮）の比率である閉塞率として 5%以下を用いることが基準とされている[1]．数値流体解析において，同じ条件を満足するためには鉛直方向解析領域を桁高Dの 20 倍以上とすることが必要である．このため，橋桁の上面および下面端部から鉛直方向境界までの距離は，桁高Dの 10 倍以上を基本とする．

4)　スパン方向範囲

> 　解析の目的や必要な精度に応じて，スパン方向の解析領域は適切に設定する．スパン方向に周期境界条件を用いる場合，スパン方向の形状の周期性を再現できるスパン長および桁高Dのうち，大きな値を下限値とすることを基本とする．

　LES や 3 次元の RANS では，スパン方向にも解析領域が必要である．スパン方向の解析領域が小さいとスパン方向の相関が高まり流れ場が 2 次元的となる．一方，スパン方向の解析領域が大きいと格子点数の増大に繋がり，計算負荷が増大する．このため，スパン方向の解析領域は解析の目的，3 次元的な流れ場の再現の必要性や求められる精度などに応じて適切に設定する．スパン方向に周期境界条件を用いる場合には，横梁によるスパン方向の形状の周期性を再現できるスパン長，および桁高Dのうち，大きなスパン長を下限値とする．変動空気力係数やスパン方向の相関を評価する場合には，より大きなスパン長を用いる必要がある．また，桁高Dと同じスパン長を用いた場合には流れ場の 2 次元性が高まり，静的空気力係数や変動空気力係数の絶対値は大きくなる傾向を示す[4]．

5)　閉塞率

> 　閉塞率は 5%以下とすることを基本とする．

　流路面積に対する橋桁の投影面積の比率を閉塞率と呼ぶ．閉塞率が大きいと，閉塞効果により境

界の存在が橋桁近傍の流れ場に影響を及ぼす．閉塞効果によって橋桁に作用する風力が過大評価されることを避けるため，橋桁の迎角も考慮したうえで閉塞率は 5%以下とすることを基本とする．

(2)　格子解像度

1)　水平方向・鉛直方向・スパン方向

水平方向，鉛直方向およびスパン方向の格子解像度は，解析の目的および用いる解析手法などに応じて適切に設定する．橋桁近傍のスパン方向の格子解像度は桁高Dの 1/10 以下を基本とする．

橋桁上流側の格子解像度は，流入気流の条件に応じて適切に設定する必要がある．一様流を用いる場合には，比較的粗い格子を用いて良い．橋桁下流側，特に流出境界付近では，不自然な渦の挙動や逆流が生じないよう，流出境界条件に応じて適切な格子解像度を用いる．鉛直方向の格子解像度は，橋桁上流側の格子解像度と同様，境界条件に応じて適切に設定する．また，鉛直方向境界条件が領域内部の流れ場に影響を及ぼさないよう配慮する．スパン方向の格子解像度は，流れ場の 3 次元性に大きな影響を与える．必要とされる 3 次元的な流れ場の再現精度や用いる解析手法に応じて，スパン方向の格子解像度は適切に設定する．スパン方向の格子解像度は桁高Dの 1/10 以下を基本とする[5]．

2)　角部付近

橋桁角部での剥離が適切に再現されるよう，十分な格子解像度を確保する．桁高Dの 1/100 以下を基本とする．

橋桁角部で生じる剥離せん断層の挙動は，静的空気力係数に大きな影響を及ぼす．このため，角部での剥離が適切に再現されるよう，十分な格子解像度を確保する．格子解像度は橋桁Dの 1/100 以下を基本とする[3]．

3)　壁面直交方向の第一格子厚

橋桁壁面上の第一格子点の厚さは，境界条件を適切に反映させるための解像度を確保する．壁面境界条件に no-slip 条件を用いる場合，速度の定義位置のy^+は 1 以下を基本とする．対数則を用いる場合，y^+は 200 以下となるようにする．

静的空気力係数を評価する上で，壁面における境界層を適切に再現することは重要である．このため，壁面境界における壁面直交方向の第一格子点の厚さは，no-slip 条件や壁関数など用いる境界条件に応じて適切に設定する．no-slip 条件を用いる場合，粘性底層内に数点の格子を配置する必要があり，速度の定義位置の$y^+(= (u_\tau \Delta y)/\nu)$が 1 以下となることを基本とする．ただし，局所的，瞬間的にはy^+が 2 程度を上回ることもあり，第 1 格子点の設定については，解析結果を確認して適切に判断する必要がある．一方，壁関数として対数則を用いる場合，第一格子点が対数則領域内に存在することが必要である．

　適切な第一格子点の厚さは摩擦速度u_τを用いて$y^+ (= (u_\tau \Delta y)/\nu)$によって定まるため，レイノルズ数にも依存する．$y^+$に含まれる$u_\tau$は解析結果を用いて算出される物理量であるため，事前に把握することは困難であるが，解析格子の作成時にはy^+を見積もることが必要である．一様流速をUとした場合，u_τは概ね$U/25$程度となる[6]．レイノルズ数が20,000程度の場合，no-slip条件では速度の定義位置が$D/1000$以下，対数則条件では$D/20$以下程度が目安となる．第一格子厚の適切さはy^+の計算結果に加え，3.5.1に従い判断する．

4)　橋桁周辺および後流域

> 　橋桁周辺および後流域では，橋桁まわりに形成される剥離せん断層や渦の挙動が適切に再現されるように格子解像度を設定する．橋桁近傍の格子解像度は，水平方向，鉛直方向とも桁高Dの1/20以下を基本とする．

　橋桁近傍，および後流域における流れ場の再現性は静的空気力係数の評価に大きな影響を及ぼす．このため，橋桁近傍および後流域では，剥離せん断層や渦の挙動を適切に再現できるよう格子解像度を設定することが必要である．それぞれの格子解像度は，用いる境界条件や解析手法に応じて適切に設定する必要があるが，橋桁近傍の格子解像度は，水平方向，鉛直方向とも桁高Dの1/20以下を基本とする．なお，橋桁近傍として取り扱うべき範囲については，橋桁の形状や目的などによって適切に定める必要がある．

5)　格子の品質

> 　極端に扁平な格子や極端に歪んだ格子を用いないよう配慮する．

　極端に扁平な格子や極端に歪んだ格子は，計算精度を悪化させる要因となる．このため，計算精度が悪化しないよう，格子のアスペクト比は適切に設定する必要がある．適切なアスペクト比はテトラやヘキサなど用いる格子の形状にも依存する．アスペクト比が大きくなる場合には，ヘキサや三角柱などを用いることを推奨する．

6)　格子の伸縮率

> 　橋桁まわりで急激な格子サイズの変化が起こらないよう，格子の伸縮率は適切に設定する．格子の伸縮率はテトラ格子を用いる場合には1.5以下，ヘキサ格子を用いる場合には2.0以下を基本とする．

　計算精度が悪化しないよう，橋桁近傍の格子の伸縮率は適切に設定することが必要である．テトラ格子を基本とする非構造格子系の解析では，格子の伸縮率（隣接する格子の辺の比率）は1.2程度が用いられることが多く，1.5以下を基本とする．一方，新たな解析手法として近年用いられている八分木格子のアルゴリズムに基づくヘキサ格子では，格子の伸縮率は2.0であるため，ヘキサ格子を用いる場合には伸縮率を2.0以下とする．

3.4　境界条件の設定

3.4.1 境界条件

(1)　流入境界条件

> 流入境界条件は一様流を用いる．

　一般に抗力係数，揚力係数およびモーメント係数は，一様流中での値を代表させることが多いため，本ガイドラインでは，一様流を用いた場合の静的空気力評価に関する数値流体解析を対象とする．

(2)　流出境界条件

> 流出境界において，非物理的な流速および圧力の変動が生じないよう留意する．

　流出境界において，不自然な流れ場や圧力の変動，逆流などが生じると計算精度の悪化や計算の不安定化につながるため，流出境界条件は適切に設定する．移流型の流出境界条件もしくは自由流出境界を用いることを推奨する[3]．

(3)　鉛直方向境界条件

> 計算領域内部の流れ場に大きな影響を与えないよう，鉛直方向の境界条件は適切に設定する．

　鉛直方向の境界が流れ場に大きな影響を及ぼさないよう，鉛直方向の境界条件は適切に設定することが必要である．対称境界条件もしくは周期境界条件を用いることを推奨する．

(4)　スパン方向境界条件

> 計算領域内部の流れ場に大きな影響を与えないよう，スパン方向の境界条件は適切に設定する．

　スパン方向境界が流れ場に大きな影響を及ぼさないよう，スパン方向の境界条件は適切に設定することが必要である．一般的に対称境界条件もしくは周期境界条件が用いられることが多いが，変動空気力のスパン方向の相関を考慮して，適切な境界条件を選択する必要がある．周期境界条件を用いた場合には，スパン方向端部の格子点も解析領域内部の格子点と同様に扱うことができ，離散精度が落ちないという利点があるが，スパン方向の解析領域が小さい場合には，変動空気力の空間相関を過大評価するという課題がある．一方，対称境界を用いた場合には，比較的小さなスパン方向解析領域を用いた場合にも，周期境界条件と比較して空間相関が過大評価されにくい利点があるが，境界面近傍での物理量の離散化を内部格子点とは分けて考える必要が生じる．なお，対称境界条件を用いた場合には，2 つのスパン方向解析領域を対象とした解析結果から，Richardson extrapolation を用いてスパン方向解析領域の大きさに依存しない空気力を求める手法も提案されている[7].

3.4.2 橋桁の境界条件

(1)　壁面境界条件

> 橋桁表面の壁面境界では，no-slip 条件や壁関数を用いる．境界条件に応じて第一格子点の格子解像度は 3.3.2 (2) 3)に示したとおり適切に設定する．

壁面の境界条件では，一般的に no-slip 条件や壁関数を用いる．境界条件に応じて，第一格子点の格子解像度は 3.3.2 (2) 3)に示したとおり適切に設定する．

(2)　高欄などの細かな形状の取り扱い

> 形状をそのまま再現する場合または単純化する場合，壁面境界として no-slip 条件や壁関数を用いる．その際の第一格子点の格子解像度は，境界条件に応じて 3.3.2 (2) 3)に示したとおり適切に設定する．多孔質媒体などを用いる場合，用いる手法に応じて格子解像度を適切に設定する．

高欄などの付属物の細かな形状をそのまま再現する場合には，境界条件として壁面と同じ no-slip 条件や壁関数を用いる．高欄などの付属物を多孔質媒体として扱い，圧力損失を評価することも可能である．高欄における剥離性状が静的空気力係数に大きな影響を及ぼす可能性があることに配慮する．

3.5　解析条件の妥当性評価

3.5.1 格子サイズに対する収束性

> 格子サイズに対する静的空気力係数の収束性により，適切な格子サイズであることを確認する．

橋桁近傍の流れの性状は格子サイズによって変化するため，格子サイズは静的空気力係数の評価結果に大きな影響を及ぼす．このため，複数の格子サイズを用いて解析を行い，格子サイズに対する静的空気力係数の収束性を確認することが必要である．同様の形状を対象とした解析事例や専門家の意見により，適切な格子サイズを用いていることを確認しても良い．なお，Richardson extrapolation を用いて格子サイズに依存しない空気力を求める手法も提案されている[8].

3.5.2 解析領域に対する収束性

> 解析領域に対する静的空気力係数の収束性により，適切な解析領域であることを確認する．

流入境界や流出境界は非物理的な境界であり，橋桁の近くに境界が設定された場合には解析結果

に影響を及ぼす可能性がある．また，スパン方向の解析領域の大きさは，流れの三次元性やスパン方向の相関に影響を及ぼす．このため，複数の解析領域を用いて解析を行い，解析領域に対する静的空気力係数の収束性を確認することが必要である．同様の形状を対象とした解析事例や専門家の意見により，適切な解析領域を用いていることを確認しても良い．

3.5.3　時間刻みに対する収束性

> 陰解法を用いる場合，時間刻みに対する静的空気力係数の収束性により，適切な時間刻みであることを確認する．

陽解法を用いる場合には，一般的に 1 よりも十分小さなクーラン数を用いることが必要であり，解析結果が得られる（解析が発散しない）範囲では時間刻みが静的空気力係数に与える影響は小さい．一方，陰解法を用いる場合には，1 よりも大きなクーラン数を用いても解析が発散するとは限らない．しかし，発散には至らなくとも，時間刻みが静的空気力係数の評価結果に影響を及ぼす可能性がある．このため，複数の時間刻みを用いて解析を行い，時間刻み（クーラン数）に対する静的空気力係数の収束性を確認することが必要である．同様の形状を対象とした解析事例や専門家の意見により，適切な時間刻みを用いていることを確認しても良い．

3.5.4　実験結果との比較

> 類似形状の実験結果との比較により，解析条件の妥当性を検証する．

適切な解析条件を用いない場合，また解析プログラム自体に誤りがある場合，数値流体解析では適切な評価結果は得られない．このため，類似形状の風洞実験結果との比較により解析結果が適切な結果であることを検証する必要がある．類似形状とは，断面辺長比の近い構造基本断面や，他の橋梁断面のことを指す．解析結果の妥当性の具体的な検証プロセスは，American Society of Mechanical Engineers (ASME)の「Verification & Validation (V&V 20-2009)」[9]，日本計算工学会の「工学シミュレーションの品質マネジメント」[10]や「工学シミュレーションの標準手順」[11]が参考になる．

参考文献

[1] 本州四国連絡橋公団, "明石海峡大橋風洞試験要領(1990)・同解説", 1990.

[2] 構造工学委員会　風洞実験相似則検討小委員会, "風洞実験相似則に関する調査研究", 土木学会論文集, vol. 1994, no. 489, pp. 17–25, 1994, doi: 10.2208/jscej.1994.489_17.

[3] 日本建築学会, "建築物荷重指針を活かす設計資料 2 －建築物の風応答・風荷重評価/CFD 適用ガイド－", 2017.

[4] 伊藤 靖晃, J.M.R. Graham, "LESによる箱桁橋梁断面の空気力評価とスパン方向解析領域の影響の検討", 土木学会論文集A1（構造・地震工学）, vol. 73, no. 1, pp. 218-231, 2017,

doi: 10.2208/jscejseee.73.218.

[5]　T. Tamura, T. Miyagi, and T. Kitagishi, "Numerical prediction of unsteady pressures on a square cylinder with various corner shapes", *Journal of Wind Engineering and Industrial Aerodynamics*, vol. 74–76, pp. 531–542, 1998, doi: 10.1016/S0167-6105(98)00048-8.

[6]　A. K. M. F. Hussain and W. C. Reynolds, "Measurements in Fully Developed Turbulent Channel Flow", *American Society of Mechanical Engineers (Paper)*, no. 75-FE-5, 1975.

[7]　S. Oka, T. Ishihara, "Numerical study of aerodynamic characteristics of a square prism in a uniform flow", *Journal of Wind Engineering and Industrial Aerodynamics*, vol. 97, pp.548-559,　2009, https://doi.org/doi:10.1016/j.jweia.2009.08.006

[8]　J. Pan and T. Ishihara, "Numerical prediction of hydrodynamic coefficients for a semi-sub platform by using large eddy simulation with volume of fluid method and Richardson extrapolation", *Journal of Physics: Conference Series*, vol. 1356, no. 1, p. 012034, 2019, doi: 10.1088/1742-6596/1356/1/012034.

[9]　American Society of Mechanical Engineers (ASME), "Standard for Verification and Validation in Computational Fluid Dynamics and Heat Transfer V&V20-2009", 2009.

[10]　日本計算工学会, "工学シミュレーションの品質マネジメント - 日本計算工学会標準", 2014.

[11]　日本計算工学会, "工学シミュレーションの標準手順 - 日本計算工学会標準", 2015.

第4章 非定常空気力係数の算定手法

4.1　非定常空気力係数の評価方法

4.1.1　非定常空気力係数の定義

　非定常空気力係数は，以下の形式1もしくは形式2を用いて構造軸で定義する．

【形式1】換算振動数$k\,(=\omega b/U)$の関数として定義する．

$$Lift(k) = \pi\rho b^2\omega^2\left\{L_{yR}y + L_{yI}\frac{\dot{y}}{\omega} + L_{zR}z + L_{zI}\frac{\dot{z}}{\omega} + L_{\phi R}\phi + L_{\phi I}\frac{\dot{\phi}}{\omega}\right\} \tag{4.1}$$

$$Moment(k) = \pi\rho b^4\omega^2\left\{M_{yR}y + M_{yI}\frac{\dot{y}}{\omega} + M_{zR}z + M_{zI}\frac{\dot{z}}{\omega} + M_{\phi R}\phi + M_{\phi I}\frac{\dot{\phi}}{\omega}\right\} \tag{4.2}$$

$$Drag(k) = \pi\rho b^2\omega^2\left\{D_{yR}y + D_{yI}\frac{\dot{y}}{\omega} + D_{zR}z + D_{zI}\frac{\dot{z}}{\omega} + D_{\phi R}\phi + D_{\phi I}\frac{\dot{\phi}}{\omega}\right\} \tag{4.3}$$

ただし，$Lift(k)$：単位長さあたり非定常揚力，$Moment(k)$：単位長さあたり非定常ピッチングモーメント，$Drag(k)$：単位長さあたり非定常抗力，ρ：空気密度，b：半幅員，ω：円振動数，U：平均風速，y：鉛直曲げ変位，ϕ：ねじれ角，z：水平曲げ変位，$L_{yR}, L_{zR}, L_{\phi R}, M_{yR}, M_{zR}, M_{\phi R},$ $D_{yR}, D_{zR}, D_{\phi R}$：非定常空気力係数の実数部，$L_{yI}, L_{zI}, L_{\phi I}, M_{yI}, M_{zI}, M_{\phi I}, D_{yI}, D_{zI}, D_{\phi I}$：非定常空気力係数の虚数部である．ここで，非定常空気力係数のy, ϕ, zは運動方向を表す．

【形式2】換算振動数$K\,(=\omega B/U)$の関数として定義する．

$$Lift(K) = \frac{1}{2}\rho U^2 B\left[KH_1^*\frac{\dot{h}}{U} + KH_2^*\frac{B\dot{\alpha}}{U} + K^2H_3^*\alpha + K^2H_4^*\frac{h}{B} + KH_5^*\frac{\dot{p}}{U} + K^2H_6^*\frac{p}{B}\right] \tag{4.4}$$

$$Moment(K) = \frac{1}{2}\rho U^2 B^2\left[KA_1^*\frac{\dot{h}}{U} + KA_2^*\frac{B\dot{\alpha}}{U} + K^2A_3^*\alpha + K^2A_4^*\frac{h}{B} + KA_5^*\frac{\dot{p}}{U} + K^2A_6^*\frac{p}{B}\right] \tag{4.5}$$

$$Drag(K) = \frac{1}{2}\rho U^2 B\left[KP_1^*\frac{\dot{p}}{U} + KP_2^*\frac{B\dot{\alpha}}{U} + K^2P_3^*\alpha + K^2P_4^*\frac{p}{B} + KP_5^*\frac{\dot{h}}{U} + K^2P_6^*\frac{h}{B}\right] \tag{4.6}$$

ただし，$Lift(K)$：単位長さあたり非定常揚力，$Moment(K)$：単位長さあたり非定常ピッチングモーメント，$Drag(K)$：単位長さあたり非定常抗力，ρ：空気密度，B：幅員，ω：円振動数，U：平均風速，h：鉛直曲げ変位，α：ねじれ角，p：水平曲げ変位，$H_i^*, A_i^*, P_i^*\,(i = 1 \sim 6)$：非定常空気力係数である．

　非定常空気力係数は，本州四国連絡橋耐風設計基準(2001)・同解説[1]の付録III　フラッター解析に規定されているとおり，上記の2つの形式のいずれかを用いることとする．非定常空気力係数の

定義方法は，研究者によって若干異なる場合があり注意を要する．なお，平均風速Uは，橋梁断面の影響がないよう十分に上流側の値を用いる．

4.1.2 空気力の算出方法

> 3.1.2 空気力の算出方法を参照．

3.1.2 空気力の算出方法の解説を参照．

4.1.3 非定常空気力係数の算出方法

> 非定常空気力係数の算出は，橋桁モデルを鉛直方向・ねじれ方向・水平方向の各1自由度で強制的に正弦波加振し，振動状態にある橋桁モデルに作用する非定常空気力を測定する強制加振法を用いることを基本とする．ただし，水平方向については，準定常理論により算出してもよい．

非定常空気力係数の測定方法は，大別して自由振動法と強制加振法の2つが存在する．自由振動法は，弾性支持された橋桁モデルの応答から非定常空気力係数を求める方法であり，近年様々な研究成果が報告され，注目される方法である．しかしながら，数値流体解析の計算負荷が大きくなることが課題として挙げられる．一方，強制加振法は，橋桁モデルを一定振幅で強制的に正弦波加振し，振動状態にある橋桁モデルに作用する非定常空気力を算出する手法である．自由振動法と比較して，原理的に単純であり，数値流体解析の計算負荷も小さい．このため，本章では強制加振法を用いることを基本とする．自由振動法を用いる場合には，第5章を参照する．

数値流体解析を用いて非定常空気力係数を算出する場合，鉛直方向・ねじれ方向・水平方向の各1自由度で強制加振された橋桁モデルに作用する非定常圧力を積分し，橋桁モデルに作用する非定常空気力を算出する．時々刻々変化する非定常空気力と橋桁モデルの変位を記録し，非定常空気力と変位の振幅比および位相差を用いて，4.1.1に示した定義に基づいて非定常空気力係数を算出する．加振周波数もしくは平均風速を変更し，適切な無次元風速（換算振動数）の範囲の非定常空気力係数を測定する．

4.1.4 迎角の範囲

> 非定常空気力係数の測定を行う迎角は，気流傾斜角と静的ねじれ角を考慮して適切に設定する．

非定常空気力係数はフラッター解析に用いるものであるため，一様流中でフラッター照査を行う傾斜角（−3度から+3度を基本とする）に対応した条件で解析を行う必要がある．さらに，全橋モデルのフラッター解析を行う場合には，平均的な空気力によって生じる静的なねじれ角も考慮する必要がある．迎角の範囲は，これらを考慮して適切に決定する必要がある．

4.1.5　加振振幅

> 非定常空気力係数の算出のための強制加振の振幅は，鉛直たわみでは幅員*B*の1/100，ねじれ振動では1度を基本とする．

　非定常空気力係数は，一般に加振振幅に対して完全に線形とは限らず，場合によっては非線形性が生じることも考えられる．このため，複数の加振振幅で非定常空気力係数の評価を行うことを推奨するが，計算コストや工程の制約により困難なことが多い．また，仮に非線形性が確認された場合にも，フラッター解析が非定常空気力係数の線形性を前提としているため，フラッター解析に反映させるのは困難である．このため，本ガイドラインでは本州四国連絡橋風洞試験要領(2001)・同解説[2]に倣い，上述の加振振幅を用いることを原則とした．なお，道路橋耐風設計便覧[3]では，発散振動の発現風速を，一様流中の風洞試験では鉛直曲げ振幅が$B/100 \sim B/20$，ねじれ振幅が1度〜5度に達する最低の風速として定義しており，それぞれの下限値が上述の加振振幅と対応している．また，水平方向の加振振幅については実績が乏しいため，特に定めない．

　非定常な渦の発生に伴う空気力の変動が大きい場合や変動空気力の振幅が小さい場合には，非定常空気力の加振周波数成分が相対的に小さくなり，上述の加振振幅では非定常空気力係数を適切に評価することが難しい場合がある．このような場合には，加振振幅を大きくすることにより，非定常空気力の加振周波数成分を相対的に大きくし，非定常空気力係数を評価することが必要である．

4.1.6　レイノルズ数

> 3.1.4　レイノルズ数を参照．

　3.1.4　レイノルズ数の解説を参照．

　非定常空気力係数を橋梁の耐風設計に用いる場合，平均風速もしくは加振振動数を変化させて，複数の無次元風速（換算振動数）に対して非定常空気力係数を求める必要がある．平均風速を変化させる場合，レイノルズ数が変わるため，解析格子もレイノルズ数に応じて適切に変更する必要がある．一方，加振振動数を変化させる場合には，レイノルズ数が一定のため，一般的に解析格子を変更する必要はない．強制加振法を用いる場合，風洞実験では天秤を用いて非定常空気力を直接測定することが一般的なので，加振振動数を大きくすると模型の慣性力が大きくなる．一方，先述のとおり数値流体解析では，非定常圧力の積分値を利用することから慣性力は働かないため，空気力の計測精度にも影響しない．このため，数値流体解析による非定常空気力係数の評価では，加振周波数を変化させる方が合理的である．ただし，風洞実験では平均風速を変化させる手法が一般的であり，風洞実験と異なるレイノルズ数を用いることになるため，風洞実験結果との比較には注意を要する．

4.1.7　無次元風速の範囲

> 非定常空気力係数は，原則として発散振動の照査風速と，その風速における応答振動数から定まる無次元風速までの範囲について評価することを基本とする．無次元風速の刻みは現象に応じて適切に選択することとする．

　非定常空気力係数はフラッターの照査に用いるものであり，フラッターの照査風速の範囲内の非定常空気力係数を算出する必要がある．無次元風速の刻みは現象や解析の目的に応じて適切に設定することが必要である．非定常空気力係数は，フラッター解析によるフラッター発現風速の評価に用いられるため，フラッター照査風速に対して十分余裕を見た無次元風速の範囲で評価を行うことを推奨する．

4.1.8　評価時間とサンプリング周波数

> 評価時間およびサンプリング周波数は，渦の挙動および加振周期を考慮して設定する．

　非定常空気力係数は，渦の挙動および加振周期を考慮して適切に設定された評価時間およびサンプリング周波数で計測された非定常空気力から算出する．加振開始から2周期分程度を助走時間とし，その後の5周期分程度の非定常空気力から非定常空気力係数を算出することを基本とする．ただし，非定常空気力の振幅や変位との位相差の変動が小さく，非定常空気力係数の評価結果が安定していれば，より短い助走時間や評価時間を用いても良い．逆に，より長い助走時間や評価時間が必要となる場合もある．このため，評価時間を決定する際には，その評価時間以上において，非定常空気力係数が一定値へ収束することの確認を推奨する．なお，加振周波数の変更により無次元風速を変更する場合には，無次元風速により統計時間が変化することに注意を要する．

4.2　解析のための条件設定

4.2.1　離散化手法

(1)　空間離散化

1)　離散化の精度

> 3.2.1 (1) 1) 離散化の精度を参照．

　3.2.1 (1) 1) 離散化の精度の解説を参照．

2)　上流化手法

> 3.2.1 (1) 2) 上流化手法を参照．

　3.2.1 (1) 2) 上流化手法の解説を参照

(2)　時間積分

1)　時間精度

3.2.1 (2) 1) 時間精度を参照.

3.2.1 (2) 1) 時間精度の解説を参照.

2)　時間刻み

3.2.1 (2) 2) 時間刻みを参照.

3.2.1 (2) 2) 時間刻みの解説を参照.

4.2.2 乱流モデル

3.2.2 乱流モデルを参照.

3.2.2 乱流モデルの解説を参照.

4.3　解析対象のモデル化

4.3.1 形状の再現

1)　橋桁形状の再現

3.3.1 (1) 橋桁形状の再現を参照.

3.3.1 (1) 橋桁形状の再現の解説を参照.

2)　付属物の再現

3.3.1 (2) 付属物の再現を参照.

3.3.1 (2) 付属物の再現の解説を参照.

4.3.2 解析格子の設定

(1)　解析領域

1)　上流側範囲

3.3.2 (1) 1) 上流側範囲を参照.

3.3.2 (1) 1) 上流側範囲の解説を参照.

2)　下流側範囲

> 3.3.2 (1) 2) 下流側範囲を参照.

　3.3.2 (1) 2) 下流側範囲の解説を参照.

3)　鉛直方向範囲

> 　3.3.2 (1) 3) 鉛直方向範囲を参照. ただし, 加振時にも橋桁近傍の風の流れが鉛直方向境界の
> 影響を受けないよう設定する.

　3.3.2 (1) 3) 鉛直方向範囲の解説を参照. ただし, 振動時の最大振幅においても橋桁近傍の流れ
場が鉛直方向境界の影響を受けないよう設定する必要がある.

4)　スパン方向範囲

> 　3.3.2 (1) 4) スパン方向範囲を参照.

　3.3.2 (1) 4) スパン方向範囲の解説を参照. フラッターの評価を目的とする非定常空気力係数の
算出時においては, 非定常空気力の加振周波数成分のスパン方向の相関は高く, スパン方向に周期
境界条件を用いた場合, スパン方向解析領域が非定常空気力係数の評価に与える影響は小さいこと
が確認されている[4]. このため, スパン方向の解析領域は, スパン方向の形状の周期性を再現でき
るスパン長および桁高 D のうち, 大きな値を下限値とする.

5)　閉塞率

> 　3.3.2 (1) 5) 閉塞率を参照.

　3.3.2 (1) 5) 閉塞率の解説を参照. ただし, 橋の迎角に加え, 加振振幅を考慮した上で閉塞率が
5%以下となるよう注意する必要がある.

(2)　格子解像度

1)　水平方向・鉛直方向・スパン方向

> 　3.3.2 (2) 1) 水平方向・鉛直方向・スパン方向を参照.

　3.3.2 (2) 1) 水平方向・鉛直方向・スパン方向の解説を参照.

2)　角部付近

> 　3.3.2 (2) 2) 角部付近を参照.

　3.3.2 (2) 2) 角部付近の解説を参照.

3)　壁面直交方向の第一格子厚

> 3.3.2 (2) 3) 壁面直交方向の第一格子厚を参照.

3.3.2 (2) 3) 壁面直交方向の第一格子厚の解説を参照.

4)　橋桁周辺および後流域

> 3.3.2 (2) 4) 橋桁周辺および後流域を参照.

3.3.2 (2) 4) 橋桁周辺および後流域の解説を参照.

5)　格子の品質

> 3.3.2 (2) 5) 格子の品質を参照.

3.3.2 (2) 5) 格子の品質の解説を参照.

6)　格子の伸縮率

> 3.3.2 (2) 6) 格子の伸縮率を参照.

3.3.2 (2) 6) 格子の伸縮率の解説を参照.

4.4　境界条件の設定

4.4.1 境界条件

(1)　流入境界条件

> 流入境界条件は一様流を用いる.

本ガイドラインでは，一様流を用いた場合の非定常空気力評価に関する数値流体解析を対象とする.

(2)　流出境界条件

> 3.4.1 (2) 流出境界条件を参照.

3.4.1 (2) 流出境界条件の解説を参照.

(3)　鉛直方向境界条件

> 3.4.1 (3) 鉛直方向境界条件を参照.

3.4.1（3）鉛直方向境界条件の解説を参照.

（4）　スパン方向境界条件

> 3.4.1（4）スパン方向境界条件を参照.

3.4.1（4）スパン方向境界条件の解説を参照.

4.4.2 橋桁の境界条件

（1）　壁面境界条件

> 3.4.2（1）壁面境界条件を参照.

3.4.2（1）壁面境界条件の解説を参照. 壁面の境界条件では，一般的に no-slip 条件や壁関数を用いる. 橋桁表面は強制加振の加振速度で移動している点に配慮し，no-slip 条件に対応する速度を適切に設定する必要がある. 境界条件に応じて，第一格子点の格子解像度は 3.3.2（2）3)に示したとおり適切に設定する.

（2）　高欄などの細かな形状の取り扱い

> 3.4.2（2）高欄などの細かな形状の取り扱いを参照.

3.4.2（2）高欄などの細かな形状の取り扱いを参照.

4.5　解析条件の妥当性評価

4.5.1 格子サイズに対する収束性

> 3.5.1 格子サイズに対する収束性を参照.

3.5.1 格子サイズに対する収束性の解説を参照.

4.5.2 解析領域に対する収束性

> 3.5.2 解析領域に対する収束性を参照.

3.5.2 解析領域に対する収束性の解説を参照.

4.5.3 時間刻みに対する収束性

> 3.5.3 時間刻みに対する収束性を参照.

3.5.3 時間刻みに対する収束性の解説を参照.

4.5.4 実験結果との比較

> 3.5.4 実験結果との比較を参照.

3.5.4 実験結果との比較の解説を参照.

参考文献

[1] 本州四国連絡橋公団, "本州四国連絡橋耐風設計基準（2001）・同解説", 2001.

[2] 本州四国連絡橋公団, "本州四国連絡橋風洞試験要領（2001）・同解説", 2001.

[3] 日本道路協会, "道路橋耐風設計便覧（平成19年改訂版）", 日本道路協会, 2008.

[4] 伊藤 靖晃, J. M. R. Graham, "LESによる箱桁橋梁断面の空気力評価とスパン方向解析領域の影響の検討", 土木学会論文集A1（構造・地震工学）, vol. 73, no. 1, pp. 218–231, 2017, doi: 10.2208/jscejseee.73.218.

第5章 自由振動法による空力振動応答の算定手法

5.1 空力振動の評価方法

5.1.1 空力振動の種類と評価方法

> 渦励振，ギャロッピング，ねじれフラッター，曲げねじれフラッターを対象として，応答振幅や発現風速の評価を行う．応答振幅や発現風速は，自由振動法もしくは各種解析的手法により評価を行うものとする．

　橋梁の耐風設計では，橋桁に発生する各種空力振動の応答振幅および発現風速の評価を行うことが必要である．ここで対象とする空力振動は，比較的低風速域で発生する振幅・風速限定型の振動である渦励振，比較的高風速域で発生する鉛直曲げ1自由度の自励振動であるギャロッピング，同様にねじれ1自由度の自励振動であるねじれフラッター，鉛直曲げとねじれが連成する曲げねじれフラッターとする．本ガイドラインでは，水平曲げについては考慮しないものとする．本ガイドラインの気流条件は一様流を対象とするため，数値流体解析によるガスト応答の評価は対象としない．ただし，各種空気力係数を用いたガスト応答の解析的評価手法については第8章を参照されたい．

　各種空力振動の評価には，風洞における自由振動実験に相当する自由振動法による手法と，フラッター解析のように事前に評価した空気力を利用した解析的手法が用いられる．本章では，自由振動法を数値流体解析において用いる場合のガイドラインを示す．ただし，自由振動法を用いる場合，評価対象範囲内の複数の無次元風速において，応答振幅が一定となるまで，あるいは発散振動と判定される振幅に達するまで解析を行う必要があり，現状の計算機の性能を考慮すると，計算負荷が極めて高い．このため，解析的手法によってフラッター発現風速や応答振幅を評価した上で，特定の風速に対して解析を実施するなど，解析的手法と合わせて利用することが現実的である．

5.1.2 運動方程式

> 　鉛直曲げおよびねじれの運動方程式は，次式の通り定義する．
>
> $$\ddot{\eta}(t) + 2\zeta_\eta \omega_\eta \dot{\eta}(t) + \omega_\eta^2 \eta(t) = \frac{Lift(t)}{m} \tag{5.1}$$
>
> $$\ddot{\phi}(t) + 2\zeta_\phi \omega_\phi \dot{\phi}(t) + \omega_\phi^2 \phi(t) = \frac{Moment(t)}{I} \tag{5.2}$$
>
> 　ただし，$Lift(t)$：揚力（単位長さあたり），$Moment(t)$：空力モーメント（単位長さあたり），$\eta(t)$：鉛直曲げ変位，$\phi(t)$：ねじれ変位，ζ_η, ζ_ϕ：鉛直曲げおよびねじれ減衰比，ω_η, ω_ϕ：鉛直曲げおよびねじれ固有円振動数，m, I：等価質量および等価質量慣性モーメント（単位長さあたり），t：時間である．また，揚力および鉛直曲げ変位は構造軸に平行とする．

　鉛直曲げまたはねじれの各1自由度，または鉛直曲げとねじれの2自由度系の運動方程式を対象

とし，解析対象に応じて自由度を適切に選択する．対象とする鉛直曲げとねじれのモードは，構造解析結果から得られる複数のモードから，モード形状，固有振動数，等価質量を参考に適切に選択する．

　2 自由度系での評価が必要な曲げねじれフラッターは比較的扁平な断面で発生することが知られている．さらに，渦励振の応答振幅は各 1 自由度系を用いた方が安全側の評価となることが一般的である．このため，曲げねじれフラッターが発現しない断面形状を対象とした風洞実験では，モード間の干渉を抑制すること，振動系のセッティングの容易さを考慮して，鉛直曲げおよびねじれの各 1 自由度系において空力振動の評価が行われることが多い．数値流体解析を用いた空力振動の評価においても，風洞実験と同様に，曲げねじれフラッターの評価においては，鉛直曲げおよびねじれの 2 自由度系での評価が必要である．一方，1 自由度の振動であるギャロッピング，ねじれフラッター，渦励振の評価においては，2 自由度系での評価も可能ではあるものの，モード間の干渉により，一方の振動が抑制されてしまうことがあるため，鉛直曲げおよびねじれの各 1 自由度系で評価を行うことを推奨する．

　自由振動法を用いる場合，各時間ステップにおいて構造物の変位量を算出し，構造物の変位を適切に考慮して空気力を算出する必要がある．物体の変位を適切に考慮することで，自励的な空気力や連成空気力の効果を適切に反映して，フラッター発現風速や構造物の応答振幅を算出することが可能である．

　静止状態の構造物に作用する空気力の時刻歴を算出し，その時刻歴を用いて構造物の変位を算出する場合もあり，逐次変位を算出する方法と比較すると計算負荷は一般的に小さくなるが，構造物の変位に伴う空気力の変動を考慮することができない．曲げねじれフラッター，ギャロッピング，ねじれフラッター，渦励振など，一様流中において長大橋梁の橋桁に生じる空力振動においては構造物の変位に伴う空気力の変動が極めて重要な役割を有するため，各時間ステップにおいて構造物の変位量を適切に考慮することが必要である．なお，本ガイドラインの対象外ではあるが，乱流中における構造物のガスト応答を時間領域で評価する場合には，乱流中において静止状態の構造物に作用する空気力の時刻歴を用いて構造物の応答を評価することが，特に建築分野において行われている．建築分野では，建物の外装材に作用する空気力を算出する目的で多点圧力計を用いた風圧測定実験が実務上行われるため，風圧力の測定結果から建物を高さ方向に分割した層毎の空気力の時刻歴を算出することができる．この層毎の空気力の時刻歴を用いることにより，乱流中における構造物のガスト応答を時間領域で評価することが可能となる．一方，土木分野では，橋桁に対する風圧測定実験が実務上必要とされず，橋梁に作用する空気力の時刻歴およびその空間分布を測定することは一般的ではない．このため，乱流中における橋梁のガスト応答は不規則振動論に基づいて周波数領域で評価することが一般的である．

5.1.3　空気力の算出方法

3.1.2　空気力の算出方法を参照

　3.1.2　空気力の算出方法の解説を参照．

5.1.4 迎角の範囲

> 空力振動の評価を行う迎角は，無風時において−3度，0度，および+3度を基本とする．ただし，地形の影響などにより気流の傾斜が想定される場合，それらの影響を適切に考慮する．

　自由振動法では，平均的な空気力によって生じる静的なねじれ角は解析中で再現されるため，空力振動の評価を行う迎角は無風時において−3度，0度，および+3度を用いることを基本とし，静的ねじれ角を考慮する必要はない．ただし，地形の影響などにより気流の傾斜が想定される場合には，それらの影響を適切に考慮する必要がある．迎角を有する場合の橋桁の振動方向は，構造軸に平行とする．

5.1.5 レイノルズ数

> 3.1.4 レイノルズ数を参照．ただし，いずれの無次元風速においてもレイノルズ数が 10,000 以上となるように設定することを基本とする．

　3.1.4 レイノルズ数の解説を参照．
　自由振動法により空力振動の評価を行う場合，平均風速もしくは固有振動数を変化させて，複数の無次元風速（換算振動数）に対して振幅や発現風速の評価を行う必要がある．平均風速を変化させる場合，レイノルズ数が変わるため，解析格子もレイノルズ数に応じて適切に変更する必要がある．一方，固有振動数を変化させる場合には，レイノルズ数が一定のため，一般的に解析格子を変更する必要はない．このため，数値流体解析において自由振動法を用いる場合，固有振動数を変化させる方が合理的である．ただし，風洞実験では平均風速を変化させる手法が一般的であり，風洞実験と異なるレイノルズ数を用いることになるため，風洞実験結果との比較には注意を要する．

5.1.6 風速の範囲

> 空力振動は，原則として発散振動の照査風速までの範囲について評価することを基本とする．風速の刻みは対象とする現象に応じて適切に選択する．

　自由振動法による空力振動の評価は，フラッターを含む各種空力振動の評価を行うものであり，照査風速の最も高いフラッター照査風速の範囲まで照査を行う必要がある．風速の刻みは，現象や解析の目的に応じて適切に設定する必要がある．特に風速限定型の振動である渦励振の発現を見落とすことがないよう注意が必要であり，渦励振の発現が想定される風速付近では，細かな無次元風速の刻みを用いることを推奨する．また，フラッター発現風速の評価を行う場合においても，フラッターの発現が想定される風速付近では，細かな無次元風速の刻みを用いることを推奨する．なお，渦励振やフラッターの発現風速の推定には，道路橋耐風設計便覧[1]の推定式が利用できる．なお，この便覧においては，既往の風洞試験結果を基に安全側となるような発現風速の推定式が提案されている．

5.1.7 評価時間

> 評価時間は，振動振幅の収束性や渦の挙動を考慮して設定する．

　自由振動法では，振動振幅が収束するまでの時間は振動の励振力や減衰に依存し，一意に定めることができない．振動振幅の収束性や発散振動の発現の有無を考慮して，評価時間を適切に設定する必要がある．ただし，空力振動に対応した橋桁近傍の渦の周期に対して，十分長い評価時間を用いる必要がある．

5.2　解析のための条件設定

5.2.1 離散化手法

(1)　空間離散化

1)　離散化の精度

> 3.2.1 (1) 1) 離散化の精度を参照

　3.2.1 (1) 1) 離散化の精度の解説を参照．

2)　上流化手法

> 3.2.1 (1) 2) 上流化手法を参照

　3.2.1 (1) 2) 上流化手法の解説を参照．

(2)　時間積分

1)　時間精度

> 3.2.1 (2) 1) 時間精度を参照

　3.2.1 (2) 1) 時間精度の解説を参照．

2)　時間刻み

> 3.2.1 (2) 2) 時間刻みを参照．

　3.2.1 (2) 2) 時間刻みの解説を参照．

5.2.2 乱流モデル

> 3.2.2 乱流モデルを参照．

　3.2.2 乱流モデルの解説を参照．

5.3　解析対象のモデル化

5.3.1　形状の再現

(1)　橋桁形状の再現

> 3.3.1（1）橋桁形状の再現を参照.

　　3.3.1（1）橋桁形状の再現の解説を参照.

(2)　付属物の再現

> 3.3.1（2）付属物の再現を参照.

　　3.3.1（2）付属物の再現の解説を参照.

5.3.2　解析格子の設定

(1)　解析領域

1)　上流側範囲

> 3.3.2（1）1）上流側範囲を参照

　　3.3.2（1）1）上流側範囲の解説を参照.

2)　下流側範囲

> 3.3.2（1）2）下流側範囲を参照.

　　3.3.2（1）2）下流側範囲の解説を参照.

3)　鉛直方向範囲

> 　3.3.2（1）3）鉛直方向範囲を参照. ただし, 振動時にも橋桁まわりの風の流れが鉛直方向境界の影響を受けないよう設定する.

　　3.3.2（1）3）鉛直方向範囲の解説を参照. ただし, 振動時の最大振幅においても橋桁まわりの流れ場が鉛直方向境界の影響を受けないよう設定する必要がある.

4)　スパン方向範囲

> 　3.3.2（1）4）スパン方向範囲を参照.

　　3.3.2（1）4）スパン方向範囲の解説を参照. フラッターの発生時には, 非定常空気力のフラッター振動数成分のスパン方向の相関は高く, スパン方向に周期境界条件を用いた場合, スパン方向解

析領域がフラッター発現風速の評価に与える影響は小さいと考えられる．このため，スパン方向の解析領域は，スパン方向の形状の周期性を再現できるスパン長および桁高Dのうち，大きな値を下限値とする．

　一方，渦励振では，カルマン渦励振や自己励起型渦励振などが存在し，振動の発生メカニズムが単一ではなく，スパン方向解析領域が応答振幅の評価に与える影響は明らかになっていない．このため，スパン方向の解析領域は，スパン方向の形状の周期性を再現できるスパン長および桁高Dのうち，大きな値を下限値とし，可能な限り大きくすることを推奨する．

5)　閉塞率

> 3.3.2 (1) 5) 閉塞率を参照

　3.3.2 (1) 5) 閉塞率の解説を参照．ただし，ねじれ振動の最大迎角においても閉塞率が 5%以下となるよう注意する必要がある．

(2)　格子解像度

1)　水平方向・鉛直方向・スパン方向

> 3.3.2 (2) 1) 水平方向・鉛直方向・スパン方向を参照．

　3.3.2 (2) 1) 水平方向・鉛直方向・スパン方向の解説を参照．

2)　角部付近

> 3.3.2 (2) 2) 角部付近を参照．

　3.3.2 (2) 2) 角部付近の解説を参照．

3)　壁面直交方向の第一格子厚

> 3.3.2 (2) 3) 壁面直交方向の第一格子厚を参照．

　3.3.2 (2) 3) 壁面直交方向の第一格子厚の解説を参照．

4)　橋桁周辺および後流域

> 3.3.2 (2) 4) 橋桁周辺および後流域を参照．

　3.3.2 (2) 4) 橋桁周辺および後流域の解説を参照．

5)　格子の品質

> 3.3.2 (2) 5) 格子の品質を参照．

3.3.2 (2) 5) 格子の品質の解説を参照.

6)　格子の伸縮率

> 3.3.2 (2) 6) 格子の伸縮率を参照.

3.3.2 (2) 6) 格子の伸縮率の解説を参照.

5.4　初期条件・境界条件の設定

5.4.1　初期条件

> 計算負荷低減および振動応答の適切な評価のため, 初期条件は適切に設定する.

　渦励振の応答振幅は, 比較的小さな励振力で緩やかに発達するため, 初期条件によっては応答振幅の収束に極めて長い評価時間が必要となる. また, 一定以上の振幅の振動が生じた場合のみに励起される渦励振も存在する.

　道路橋耐風設計便覧[1]などを参考に渦励振の発現振幅と発現風速を推定し, 推定された振幅を有する数周期分の振動を強制加振として与え, 振動時の流れ場を安定させた後に自由振動法に移行する方法, および静的な流れ場から自由振動法に移行する方法の 2 つが考えられる. 想定される応答振幅や解析の目的に応じて, 初期条件は適切に設定する必要がある. ただし, 道路橋耐風設計便覧の推定式は, 既往の風洞試験結果を基に安全側となるように提案されており, 必ずしも自由振動における振動振幅や発現風速とは一致しない点に注意が必要である.

5.4.2　境界条件

(1)　流入境界条件

> 流入境界条件は一様流を用いる.

　本章では, 一様流を用いた場合の空力振動評価に関する数値流体解析を対象とする. 乱流により励起されるガスト応答については, 本ガイドラインにおける数値流体解析による振動応答の評価対象ではないが, 数値流体解析により算出された各種空気力係数を用いて, 第 8 章に示す手法により解析的に評価を行うことが可能である. 乱流中での振動応答を評価する場合には, 生成された乱流の性質, 流入後の乱流の性状変化, 流入させる乱流が連続式を満足しないことにより生じる非物理的な圧力変動などに配慮する必要がある.

(2)　流出境界条件

> 3.4.1 (2) 流出境界条件を参照.

3.4.1 (2) 流出境界条件の解説を参照.

(3)　鉛直方向境界条件

> 3.4.1 (3) 鉛直方向境界条件を参照.

　3.4.1 (3) 鉛直方向境界条件の解説を参照.

(4)　スパン方向境界条件

> 3.4.1 (4) スパン方向境界条件を参照.

　3.4.1 (4) スパン方向境界条件の解説を参照.

5.4.3 橋桁の境界条件

(1)　壁面境界条件

> 3.4.2 (1) 壁面境界条件を参照.

　3.4.2 (1) 壁面境界条件の解説を参照. 壁面の境界条件では，一般的に no-slip 条件や壁関数を用いる. 橋桁表面は振動応答の応答速度で移動している点に配慮し，no-slip 条件に対応する速度を適切に設定する必要がある. 境界条件に応じて，第一格子点の格子解像度は 3.3.2 (2) 3)に示したとおり適切に設定する.

(2)　高欄などの細かな形状の取り扱い

> 3.4.2 (2) 高欄などの細かな形状の取り扱いを参照.

　3.4.2 (2) 高欄などの細かな形状の取り扱いの解説を参照.

5.5　解析条件の妥当性評価

5.5.1 評価時間に対する収束性

> 評価時間に対する応答振幅の収束性により，適切な評価時間であることを確認する.

　空力振動の応答振幅は，わずかな励振力や減衰力で徐々に発達もしくは減衰することがある. このため，空力振動の評価時間は十分に長く設定するとともに，必要に応じて変更し，振幅の変化を見落とすことがないよう注意する必要がある.

5.5.2 格子サイズに対する収束性

> 3.5.1 格子サイズに対する収束性を参照.

　3.5.1 格子サイズに対する収束性の解説を参照.

5.5.3 解析領域に対する収束性

> 3.5.2 解析領域に対する収束性を参照.

3.5.2 解析領域に対する収束性の解説を参照.

5.5.4 時間刻みに対する収束性

> 3.5.3 時間刻みに対する収束性を参照.

3.5.3 時間刻みに対する収束性の解説を参照.

5.5.5 実験結果との比較

> 3.5.4 実験結果との比較を参照.

3.5.4 実験結果との比較の解説を参照.

参考文献

[1]　　日本道路協会, "道路橋耐風設計便覧（平成19年改訂版）", 日本道路協会, 2008.

第6章 不安定振動（フラッター，ギャロッピング）の発現風速の評価

6.1　不安定振動の種類

　長大橋梁で生じる可能性のある空力振動として，鉛直曲げ・ねじれの連成作用により生じる発散振動の曲げねじれフラッター，鉛直曲げ 1 自由度で生じる発散振動のギャロッピング，ねじれ 1 自由度で生じる発散振動のねじれフラッター，比較的低風速の限られた風速域で生じる渦励振，風の乱れにより生じるガスト応答が挙げられる．長大橋梁の耐風設計においては，これらの空力振動に対して適切な方法で安定性の照査を行うことが必要である．

　特に減衰が負となる発散型の不安定振動である曲げねじれフラッター，ギャロッピング，ねじれフラッターについては，不安定振動の発現風速が照査風速より高くなることを確認する必要がある[1]．不安定振動では，渦励振とは異なり振幅の評価は必ずしも必要とはならず，発現風速が主たる評価対象となる．このため，第 5 章に示した自由振動法以外に非定常空気力係数を用いたフラッター解析など，解析的な手法でも評価を行うことが可能である．ただし，長大橋梁の設計においては，風洞実験と同様に，これらの評価手法を組み合わせて多面的な評価を行うことを推奨する．ただし，自由振動法を用いる場合，静的空気力の評価や非定常空気力係数の評価と比較すると評価時間が長くなることが多く，計算負荷が極めて高くなるため，目的に応じて用いる評価手法は適切に選択することが必要である．以下では，それぞれの不安定振動について，自由振動法以外の手法により解析的に評価する方法について示す．

6.2　ギャロッピングの評価

　自励空気力の作用による発散振動のうち，気流直角方向の鉛直曲げ 1 自由度振動であるギャロッピングは，比較的辺長比の小さな矩形断面（$B/D = 0.8〜2.8$程度）などで発生することが知られている[2]．ギャロッピングの発現については，Den Hartog の理論[3]や非定常空気力係数を用いて評価することが可能である．以下では，それぞれの方法について概要を示す．

6.2.1 Den Hartog の理論による評価

　構造軸を基準に気流方向にx軸をとり，これに直交するy方向の振動を考える．このとき，系の運動方程式は次式で表すことができる．

$$m\ddot{y} + c\dot{y} + ky = -\frac{1}{2}\rho U^2 B (C_L - C_L|_{\alpha=0}) \tag{6.1}$$

ただし，m, c, kはそれぞれ単位長さあたりの質量，粘性減衰係数，ばね定数，ρは空気密度，Uは代表風速，Bは代表長さ，C_Lは構造軸を基準とする揚力係数，$C_L|_{\alpha=0}$は迎角 0 度における揚力係数である．ここで，微小振動を仮定すれば，

$$C_L = C_L|_{\alpha=0} + \frac{dC_L}{d\alpha}\bigg|_{\alpha=0} \alpha \tag{6.2}$$

である．ただし，αは相対迎角である．さらに，相対迎角αは変位速度と代表風速を用いて，

$$\alpha = \frac{\dot{y}}{U} \tag{6.3}$$

と表すことができるため，運動方程式(6.1)は次式のように変形できる．

$$m\ddot{y} + c\dot{y} + ky = -\frac{1}{2}\rho UB \left.\frac{dC_L}{d\alpha}\right|_{\alpha=0} \dot{y} \tag{6.4}$$

さらに，右辺を左辺に移動すれば，

$$m\ddot{y} + \left(c + \frac{1}{2}\rho UB \left.\frac{dC_L}{d\alpha}\right|_{\alpha=0}\right)\dot{y} + ky = 0 \tag{6.5}$$

となる．式(6.5)より，減衰項が負となり発散振動が発生する必要条件は，

$$\left.\frac{dC_L}{d\alpha}\right|_{\alpha=0} < 0 \tag{6.6}$$

である．また，その発現風速は

$$U = \frac{2c}{\rho B \left|\left.\frac{dC_L}{d\alpha}\right|_{\alpha=0}\right|} \tag{6.7}$$

で算出することができる．

6.2.2 非定常空気力係数による評価

4.1.1 に示した非定常空気力係数[4]を用いて，気流直角方向の鉛直曲げ 1 自由度振動の運動方程式は次式で表すことができる．

$$m\ddot{y} + c_y\dot{y} + k_y y = \frac{1}{2}\rho U^2 B \left[KH_1^* \frac{\dot{y}}{U} + K^2 H_4^* \frac{y}{B}\right] \tag{6.8}$$

右辺を左辺に移動して，$c_y/m = 2\zeta_{y0}\omega_{y0}, k_y/m = \omega_{y0}^2$ （ただし，ζ_{y0}は減衰比，ω_{y0}は固有円振動数）の関係を用いると，式(6.8)は次式となる．

$$\ddot{y} + \left(2\zeta_{y0}\omega_{y0} - \frac{1}{2m}\rho UBKH_1^*\right)\dot{y} + \left(\omega_{y0}^2 - \frac{1}{2m}\rho U^2 K^2 H_4^*\right)y = 0 \tag{6.9}$$

よって，発散振動が発生する必要条件は，

$$H_1^* > 0 \tag{6.10}$$

であり，その発現風速は，

$$2\zeta_{y0}\omega_{y0} - \frac{1}{2m}\rho UBKH_1^* = 0 \tag{6.11}$$

より算出することができる．

6.3　ねじれフラッターの評価

ねじれフラッターはねじれ 1 自由度系の発散振動であり，旧 Tacoma Narrows 橋落橋事故の直接的な原因となった空力振動現象として有名である[5]．矩形断面では，断面辺長比が 3〜10 程度の場合に発現することが明らかにされている[6]．

ねじれフラッターは，ギャロッピングと同様に非定常空気力係数を用いて評価することができる．4.1.1 に示した非定常空気力係数を用いて，1 自由度ねじれ振動の運動方程式は次式で表すことができる．

$$I\ddot{\phi} + c_\phi\dot{\phi} + k_\phi\phi = \frac{1}{2}\rho U^2 B^2\left[KA_2^*\frac{B\dot{\phi}}{U} + K^2 A_3^*\phi\right] \tag{6.12}$$

右辺を左辺に移動して，$c_\phi/I = 2\zeta_{\phi0}\omega_{\phi0}, k_\phi/I = \omega_{\phi0}^2$（ただし，$\zeta_{\phi0}$は減衰比，$\omega_{\phi0}$は固有円振動数）の関係を用いると，式(6.12)は次式となる．

$$\ddot{\phi} + \left(2\zeta_{\phi0}\omega_{\phi0} - \frac{1}{2I}\rho U B^3 K A_2^*\right)\dot{\phi} + \left(\omega_{\phi0}^2 - \frac{1}{2I}\rho U^2 B^2 K^2 A_3^*\right)\phi = 0 \tag{6.13}$$

よって，発散振動が発生する必要条件は，

$$A_2^* > 0 \tag{6.14}$$

であり，その発現風速は，

$$2\zeta_{\phi0}\omega_{\phi0} - \frac{1}{2I}\rho U B^3 K A_2^* = 0 \tag{6.15}$$

より算出することができる．

6.4　曲げねじれフラッターの評価

曲げねじれフラッターは，流れ直角方向の鉛直曲げ振動とねじれ振動が連成して生じる発散振動である．鉛直曲げ振動により生じる非定常ピッチングモーメント，およびねじれ振動により生じる非定常揚力が曲げねじれフラッターを励起する．平板や翼といった流れの剥離の見られない物体に典型的に発現する振動現象であり，航空機翼における空力弾性問題としてポテンシャル理論を用いた研究から始められた[7, 8]．長大橋の桁断面など比較的扁平な断面でも発生することが知られており，矩形断面では断面辺長比が 12.5 以上，二次元 H 型断面では断面辺長比が 20 以上において発生することが知られている[9]．

曲げねじれフラッターは，式(6.16)および式(6.17)で示される 2 つの運動方程式の連立方程式を解くことにより評価することができる．

$$m\ddot{y} + c_y\dot{y} + k_y y = \frac{1}{2}\rho U^2 B\left[KH_1^*\frac{\dot{y}}{U} + KH_2^*\frac{B\dot{\phi}}{U} + K^2 H_3^*\phi + K^2 H_4^*\frac{y}{B}\right] \tag{6.16}$$

$$I\ddot{\phi} + c_\phi\dot{\phi} + k_\phi\phi = \frac{1}{2}\rho U^2 B^2\left[KA_1^*\frac{\dot{y}}{U} + KA_2^*\frac{B\dot{\phi}}{U} + K^2 A_3^*\phi + K^2 A_4^*\frac{y}{B}\right] \tag{6.17}$$

この連立方程式を解く手法としては，複素固有値解析法や Step-by-Step 解析法[10]などが提案されている．以下に，複素固有値解析法を用いたフラッター発現風速の評価方法について，概略を示す．

式(6.16)および式(6.17)の連立方程式は，マトリクス表示を用いて以下の様に表すことができる．

$$[M]\{\ddot{Z}\} + [C]\{\dot{Z}\} + [K]\{Z\} = [A]\{\dot{Z}\} + [B]\{Z\} \tag{6.18}$$

ここで，$[M]$は質量マトリクス，$[C]$は減衰マトリクス，$[K]$は剛性マトリクス，$[A]$は空力減衰マトリクス，$[B]$は空力剛性マトリクスであり，それぞれ次式によって表すことができる．

$$[M] = \begin{bmatrix} m & 0 \\ 0 & I \end{bmatrix} \tag{6.19}$$

$$[C] = \begin{bmatrix} c_y & 0 \\ 0 & c_\phi \end{bmatrix} \tag{6.20}$$

$$[K] = \begin{bmatrix} k_y & 0 \\ 0 & k_\phi \end{bmatrix} \tag{6.21}$$

$$[A] = \begin{bmatrix} \dfrac{1}{2}\rho UBKH_1^* & \dfrac{1}{2}\rho UB^2KH_2^* \\ \dfrac{1}{2}\rho UB^2KA_1^* & \dfrac{1}{2}\rho UB^3KA_2^* \end{bmatrix} \tag{6.22}$$

$$[B] = \begin{bmatrix} \dfrac{1}{2}\rho U^2K^2H_4^* & \dfrac{1}{2}\rho U^2BK^2H_3^* \\ \dfrac{1}{2}\rho U^2BK^2A_4^* & \dfrac{1}{2}\rho U^2B^2K^2A_3^* \end{bmatrix} \tag{6.23}$$

また，$\{Z\}$は変位ベクトルであり，次式で表すことができる．

$$\{Z\} = \begin{Bmatrix} y_0 \\ \phi_0 \end{Bmatrix} \exp(\lambda t) = \{Z_0\}\exp(\lambda t) \tag{6.24}$$

ここで，y_0は鉛直曲げ振幅，ϕ_0はねじれ振幅，$\{Z_0\}$は振幅ベクトルである．式(6.24)を式(6.18)に代入すると，

$$\lambda^2[M]\{Z\} + ([C]-[A])\lambda\{Z\} + ([K]-[B])\{Z\} = \{0\} \tag{6.25}$$

となり，さらに変形すれば，

$$([C]-[A])\lambda\{Z\} + \lambda^2[M]\{Z\} = -([K]-[B])\{Z\} \tag{6.26}$$

が得られる．一方，次式が成り立つのは自明であるので，

$$\lambda[M]\{Z\} + [0]\{Z\} = \lambda[M]\{Z\} \tag{6.27}$$

式(6.26)と式(6.27)を組み合わせると，次式の関係が成立する．

$$\begin{bmatrix} [C^*] & [M] \\ [M] & [0] \end{bmatrix}\lambda\begin{Bmatrix} \{Z\} \\ \lambda\{z\} \end{Bmatrix} = -\begin{bmatrix} [K^*] & [0] \\ [0] & -[M] \end{bmatrix}\begin{Bmatrix} \{Z\} \\ \lambda\{Z\} \end{Bmatrix} \tag{6.28}$$

ただし，$[C^*] = [C]-[A], [K^*] = [K]-[B]$である．式(6.28)は固有値問題である．本固有値問題から算出される固有値は

$$\lambda_j = \lambda_{Rj} \pm i\,\lambda_{Ij} = -\zeta_{Fj}\omega_{Fj}' \pm i\sqrt{1-\zeta_{Fj}^2}\,\omega_{Fj}' \quad (j=1,2) \tag{6.29}$$

で表される2つの解を有する．ただし，ζ_{Fj}はj次モードの減衰比，ω_{Fj}'はj次モードの円振動数である．よって，フラッター減衰とフラッター振動数は次式で算出することができる．

$$\delta_{Fj} = \frac{2\pi\zeta_{Fj}}{\sqrt{1-\zeta_{Fj}^2}} = 2\pi\frac{\lambda_{Rj}}{\lambda_{Ij}} \tag{6.30}$$

$$\omega_{Fj} = \sqrt{1-\zeta_{Fj}^2}\,\omega_{Fj}' = \lambda_{Ij} \tag{6.31}$$

式(6.30)で表されるフラッター減衰が正から負に変わる風速においてフラッターが発現し，この風速をフラッター発現風速と呼ぶ．なお，ここでは鉛直曲げ・ねじれの二自由度系における曲げねじれフラッターを対象とした解析手法を示したが，多自由度に拡張することにより非定常空気力係数を用いたマルチモードフラッター解析も可能である[11]．

参考文献

[1]　日本道路協会, "道路橋耐風設計便覧（平成19年改訂版）", 日本道路協会, 2008.

[2]　Y. Nakamura and K. Hirata, "Pressure fluctuations on oscillating rectangular cylinders with the long side normal to the flow", *Journal of Fluids and Structures*, vol. 5, pp. 165–183, 1991, doi: 10.1016/0889-9746(91)90460-7.

[3]　J. P. Den Hartog, "Mechanical Vibrations", McGraw-Hill, 1956.

[4]　R. H. Scanlan and J. J. Tomko, "Airfoil and Bridge Deck Flutter Derivatives", *Journal of the Engineering Mechanics Division, Proceedings of the American Society of Civil Engineers*, no. EM 6, pp. 1717–1737, 1971, Accessed: Aug. 25, 2015.

[5]　川田 忠樹, "だれがタコマを墜としたか", 建設図書, 1999.

[6]　M. Matsumoto, "Aerodynamic damping of prisms", *Journal of Wind Engineering and Industrial Aerodynamics*, vol. 59, pp. 159–175, 1996, doi: 10.1016/0167-6105(96)00005-0.

[7]　T. Theodorsen, "General Theory of Aerodynamic Instability and the Mechanism of Flutter", *NACA Report 496*, pp. 413–433, 1935.

[8]　TH. von Kármán and W. R. Sears, "Airfoil Theory for Non-Uniform Motion", *Journal of the Aeronautical Sciences*, vol. 5, no. 10, pp. 379–390, Aug. 1938, doi: 10.2514/8.674.

[9]　M. Matsumoto, H. Shirato, K. Mizuno, R. Shijo, and T. Hikida, "Flutter characteristics of H-shaped cylinders with various side-ratios and comparisons with characteristics of rectangular cylinders", *Journal of Wind Engineering and Industrial Aerodynamics*, vol. 96, no. 6–7, pp. 963–970, Jun. 2008, doi: 10.1016/J.JWEIA.2007.06.022.

[10]　M. Matsumoto, H. Matsumiya, S. Fujiwara, and Y. Ito, "New consideration on flutter properties based on step-by-step analysis", *Journal of Wind Engineering and Industrial Aerodynamics*, vol. 98, no. 8–9, pp. 429–437, Aug. 2010, doi: 10.1016/J.JWEIA.2010.02.001.

[11]　本州四国連絡橋公団, "本州四国連絡橋風洞試験要領（2001）・同解説", 2001.

第7章 渦励振応答の評価

7.1 渦励振の概要

　渦励振は鉛直たわみまたはねじれの1自由度振動として現れる．フラッターやギャロッピングのような不安定振動に比べて低風速で，かつ風速限定型の振動として生じ，ある振幅以上には発達しないという特徴を有する．そのため，フラッターやギャロッピングとは異なり，橋梁の破壊へと直結する振動現象ではない．しかし，発現風速域が比較的低風速であるために発生頻度は高く，構造物の疲労の原因となる可能性があり，また，車両の運転等に支障をきたす場合や，振動に伴う利用者の不快感や不安感といった使用性が懸念される場合もある．これらを念頭に，渦励振の発現風速および最大振幅を適切に評価する必要がある．橋梁の耐風設計においては，上述の通り渦励振は比較的低風速域で発現することから，発現風速は照査風速を下回ることが多いため，最大振幅が照査振幅を下回ることの確認によって照査とすることが一般的である[1]．

　上述のように渦励振の照査においては，発現風速と最大振幅の評価が重要である．風洞実験では一般に自由振動法を採用し，風洞風速ごとの応答振幅を直接評価し，発現風速と最大振幅を求める方法が用いられる．しかし，時間経過に対する渦励振の応答振幅の変化は非常に緩やかであるため，数値流体解析では計算負荷が大きく，風洞実験のような多くの風速点数について応答振幅を算出することは難しい．したがって，数値流体解析を用いた渦励振の照査においては，まず渦励振の発現風速範囲を推定し，自由振動法で応答を算出する風速点数を限定することを推奨する．

　次節以降では，まず7.2において渦励振の発現風速を推定するための手法を示す．次に7.3において，数値流体解析を用いた渦励振の最大振幅の評価法について述べる．

7.2 発現風速の推定

7.2.1 発現メカニズムに基づく方法

　渦励振はその発現機構によって，カルマン渦型渦励振と自己励起型渦励振の2つに大きく分類することができる．ただし，構造物の断面辺長比によっては両者の発現風速が接近するため分類が難しい場合もある．また，橋桁の渦励振においては，高欄等の付属物の形状や取り付け位置をはじめとした，断面形状の微妙な違いによって応答が大きく変化する場合もある．そのため，発現メカニズムに基づく発現風速の推定方法は，必ずしも妥当な推定とはならない可能性があることに留意する必要がある．

(1)　カルマン渦型渦励振

　カルマン渦型渦励振は，物体背後に形成されるカルマン渦列が物体の振動を励起する現象であり，カルマン渦の放出周波数f_sが物体の固有振動数f_nに引き込まれるロックイン現象である．すなわち，物体の固有振動数とカルマン渦の放出周波数が一致するときに生じ，渦励振の発現風速域では風速が増減してもカルマン渦の放出周波数は変化せず，固有振動数に一致した周波数で渦放出が続く．カルマン渦の無次元放出周波数であるストローハル数Stは，レイノルズ数が10^4程度の場合，円柱においては約0.2，角柱においては$B/D = 1$で約0.12，$B/D = 5$で約0.1といった値をとる．

$$\frac{f_n D}{U} = \frac{f_s D}{U} = S_t \tag{7.1}$$

したがって，カルマン渦型の渦励振の無次元発現風速Vrは，上式の逆数を取ることで，次のようにストローハル数の逆数として表すことができる．

$$Vr = \frac{U}{f_n D} = \frac{U}{f_s D} = \frac{1}{S_t} \tag{7.2}$$

(2)　自己励起型渦励振

自己励起型渦励振[2]は，前縁剥離渦と物体の振動の同期によって生じる現象であり，橋桁に生じる渦励振の多くはこのメカニズムによるものと考えられている．白石・松本[3]によると，鉛直たわみ振動においては，前縁剥離渦が接近風速Uの約 0.6 倍で物体側面を流下し，物体の振動 1 周期（$1/f$）またはそのN倍後に後縁に到達するという条件で振動が発生するとされている．

$$B = 0.6U \times \frac{1}{f} \times N \tag{7.3}$$

したがって，鉛直たわみの自己励起型渦励振の無次元風速は次のように表すことができ，断面辺長比で決まることが分かる．

$$Vr = \frac{U}{fD} = 1.67\,B/D \times \frac{1}{N} \tag{7.4}$$

Nは自然数である．ねじれの自己励起型渦励振においても同様に考えることができ，その発現風速は次のように表すことができる．

$$Vr = \frac{U}{fD} = 1.67\,B/D \times \frac{2}{2N-1} \tag{7.5}$$

7.2.2 既往の風洞試験結果に基づく推定式を用いる方法

道路橋耐風設計便覧[1]においては，既往の風洞試験結果を基に安全側となるような推定式が提案されており，ここではその概要を紹介する．詳しくは便覧を参照されたい．

鉛直たわみ渦励振の振幅が最大となる風速U_{cvh}（m/s）は次式で与えられる．

$$U_{cvh} = E_{vh} \cdot f_h \cdot B \tag{7.6}$$

f_hは鉛直たわみ 1 次固有振動数（Hz），Bは桁の総幅（m）である．E_{vh}は桁の断面形状や質量減衰パラメータ等によって変化するパラメータであるが，既往の研究に基づき，最も低い風速を与えるように$E_{vh} = 2.0$とされている．

ねじれ渦励振についても同様に，振幅が最大となる風速$U_{cv\theta}$（m/s）は次式で与えられる．

$$U_{cv\theta} = E_{v\theta} \cdot f_\theta \cdot B \tag{7.7}$$

f_θ はねじれ 1 次固有振動数（Hz）,Bは桁の総幅（m）である．$E_{v\theta}$もたわみ渦励振と同様に考え，$E_{v\theta} = 1.33$とされているが，断面辺長比が 3.5 未満の鋼 I げた橋の場合においては，$E_{v\theta} = 3.5 - 0.62B/D$が用いられている．

7.2.3 非定常空気力係数に基づく方法

数値流体解析においては自由振動法の計算負荷は大きい一方，強制加振法では少ない波数で定常状態に至り，かつ慣性力の影響がないため微小な空気力でも精度よく評価することが可能と考えられる．すなわち，強制加振法によって算出される非定常空気力係数の空力減衰項を複数の風速について算出し，空力負減衰となる範囲を求めることで，渦励振の発現風速域を評価することが可能である[4]．その場合，空気力が加振振幅に対して非線形性を有する可能性も考慮して，加振振幅は第4章に準じて設定することを推奨する．

7.3　応答振幅の評価

推定された渦励振発現風速に基づいて，数値流体解析を用いた自由振動法を行うことで，渦励振の発現振幅を直接評価することが可能である．数値流体解析による自由振動法を実施する場合には，第5章に示される項目に従うことを推奨する．渦励振の応答振幅の変化は時間経過に対して一般に非常に緩やかであるため，十分な評価時間を設けて定常応答振幅の評価を行うことを推奨する．

一方，渦励振の発現風速域では空力減衰が小さく，振幅の変化が非常に緩やかであるため，数値流体解析においては多くの波数を計算する必要があり，自由振動法を用いた数値流体解析による渦励振の応答評価はいまだ計算負荷が非常に大きい．そのため，強制加振法の加振振幅を様々に変えることで，風速と振幅の組み合わせごとに空力減衰を評価し，自由振動法を全く用いずに最大振幅を評価する方法[5]も提案されている．

なお，本ガイドラインでは，部分模型を用いた風洞試験と同様に，桁が剛体で一様な変位をすることを前提としているため，数値流体解析で求められる振幅は，照査に際しては振動モードの補正を行う必要がある[1]．

参考文献

[1]　日本道路協会, "道路橋耐風設計便覧（平成19年改訂版）", 日本道路協会, 2008.

[2]　S. Komatsu and H. Kobayashi, "Vortex-induced oscillation of bluff cylinders", *Journal of Wind Engineering and Industrial Aerodynamics*, vol. 6, no. 3–4, pp. 335–362, Oct. 1980, doi: 10.1016/0167-6105(80)90010-0.

[3]　白石 成人, 松本 勝, "充腹構造断面の渦励振応答特性に関する研究", 土木学会論文報告集, vol. 1982, no. 322, pp. 37–50, 1982, doi: 10.2208/jscej1969.1982.322_37.

[4]　M. W. Sarwar and T. Ishihara, "Numerical study on suppression of vortex-induced vibrations of box girder bridge section by aerodynamic countermeasures", *Journal of Wind Engineering and Industrial Aerodynamics*, vol. 98, no. 12, pp. 701–711, Dec. 2010, doi: 10.1016/j.jweia.2010.06.001.

[5]　K. Noguchi, Y. Ito, and T. Yagi, "Numerical evaluation of vortex-induced vibration amplitude of a box girder bridge using forced oscillation method", *Journal of Wind Engineering and Industrial Aerodynamics*, vol. 196, 2020, doi: 10.1016/j.jweia.2019.104029.

第8章　ガスト応答の評価

8.1　ガスト応答の概要

　ガスト応答とは，主に自然風の風速変動により，構造物に作用する空気力が不規則に変動することによって生じる振動であり，バフェッティングとも呼ばれる[1]．ガスト応答は，フラッターのような発散振動ではなく，風速の上昇に伴う不規則な限定振動として考えられており，風荷重の変動量として耐風設計に反映される．すなわち，ガスト応答値を基に，部材の応力照査，疲労照査が実施される．

8.2　ガスト応答の評価

　ガスト応答の評価は，断面選定の段階で静的風荷重の補正係数として組み込まれている．本州四国連絡橋耐風設計基準(2001)・同解説[2]では，ガスト応答解析により安全性を照査するものとし，原則として，境界層乱流中における風洞試験によっても照査することが定められている．解析，風洞実験においては，三次元弾性モデル，全橋モデルによる照査が行われている．これは，ガスト応答が，接近流が時間的だけでなく空間的にも不規則であり，さらに橋梁構造物の三次元的な振動モードも重要な要因になることによる．したがって，風洞試験を実施する場合には，フラッターや渦励振の様に，二次元断面を有する部分模型を用いた簡便な評価は困難であり，多大なコストと時間が必要となる．これを数値流体解析によって再現するのは，全橋風洞試験と同等の状態をモデル化すればよいので，理論的には可能であるが，現時点での計算機の性能，コスト面を考慮すると実用化へのハードルは高い．また，ガスト応答解析においても同様であり，現時点の数値流体解析の利用は，部分模型による風洞試験を再現した三次元モデルによる空気力評価が合理的と判断される．

　ガスト応答解析にあたっては，前述のように接近流が時間的・空間的にも不規則であることから，ある場所での風の乱れを確定的な時系列波形として扱うのは無理があるので，定常なランダム過程とみなし，その統計量を扱って，構造物の応答の統計量を求めている．風の乱れによる構造物の応答予測に初めて確率統計的手法を適用したのは Liepmann[3] である．Liepmann は航空分野において，尾翼のバフェッティングの予測手法として，周波数領域での解析手法を提案した．土木の分野では Davenport[4, 5] が，モード解析法と周波数領域の解析法を組み合わせて，吊橋や塔などの線状構造物のガスト応答の評価手法を提案した．その後，橋梁のガスト応答に関連して実験的研究も含めた数多くの有益な研究を行い，主に実用的な側面を念頭に置いたガスト応答予測法の工学的基礎を確立し，現在の耐風設計に反映されている．変動量は正弦波の重ね合わせと見なして，周波数領域で行うと便利が良いので，一般に周波数領域で実施されることが多い．時間領域におけるガスト応答の評価手法も提案されている[6, 7, 8]ものの，研究段階に留まっている．

　以下では，Davenport の手法をベースとして，本州四国連絡橋耐風設計基準（2001）・同解説[2]で用いられる手法の概略を示す．

　応答変位のクロススペクトル密度関数（以下，クロススペクトルと呼ぶ）と基準座標のクロススペクトルは，モードマトリクスを用いて次式のとおり表すことができる．

$$[Sr_i r_j(\omega)] = [\phi][Sq_k q_l(\omega)][\phi]^T \tag{8.1}$$

ここで，$[Sr_ir_j(\omega)]$ は応答変位のクロススペクトルマトリクス，$[Sq_kq_l(\omega)]$ は基準座標のクロススペクトルマトリクス，$[\phi]$ はモードマトリクス，$[\quad]^T$ は転置行列，i, j は構造物上の任意の節点，k, l は任意の振動モード次数である．

さらに，基準座標のクロススペクトルと一般化外力のクロススペクトルの関係は，メカニカルアドミッタンスを介して以下のように表すことができる．

$$[S_{q_kq_l}(\omega)] = [H_k(\omega)H_l(\omega)S_{f_kf_l}(\omega)] \tag{8.2}$$

ここで，$S_{f_kf_l}(\omega)$ は一般化外力のクロススペクトル，$H_{k(l)}(\omega)$ はメカニカルアドミッタンスである．さらに，減衰が十分小さく固有振動モード相互の影響が無視できると仮定すれば，式(8.2)は対角項のみが有意となり，次式で表される．

$$[S_{q_kq_l}(\omega)] = diag[|H_k(\omega)|^2]diag[S_{f_kf_k}(\omega)] \tag{8.3}$$

また，風速変動成分間の相関が小さく，それらのクロススペクトルへの寄与は小さいと仮定し，さらに，空力アドミッタンスの比較により，ある方向の変位に対しては風速変動の 3 成分のうち 1 つの項が支配的であると仮定すれば，一般化外力のクロススペクトルの対角項は次式で表すことができる．

$$S_{f_kf_k}(\omega) = \{\phi_k\}^T \left[Ha_{Ii}(\omega)\, Ha_{Ij}^+(\omega)\, Su_{Ii}u_{Ij}(\omega) \right] \{\phi_k\} \tag{8.4}$$

ただし，$Ha_{Ii}(\omega)$ は空力アドミッタンス，$Ha_{Ij}^+(\omega)$ は空力アドミッタンスの複素共役，$Su_{Ii}u_{Ij}(\omega)$ は変動風速のクロススペクトル，$\{\phi_k\}$ はモードベクトルである．

式(8.1)，式(8.3)および式(8.4)より，応答変位のクロススペクトルは最終的に次式で表すことができる．

$$[S_{r_ir_j}(\omega)] = [\phi]\, diag[|H_k(\omega)|^2]\, diag[\{\phi_k\}^T \left[Ha_{Ii}(\omega)\, Ha_{Ij}^+(\omega)\, Su_{Ii}u_{Ij}(\omega) \right] \{\phi_k\}]\, [\phi]^T \tag{8.5}$$

式(8.5)を用いて，応答変位の標準偏差を算出することができる．ここで，メカニカルアドミッタンス $H_{k(l)}(\omega)$ は次式で表すことができる．

$$|H_k(\omega)|^2 = \frac{1}{(\omega_k^2 - \omega^2) + (2\xi_k\omega_k\omega)^2} \tag{8.6}$$

ただし，

$$\xi_k = \xi_{sk} + \xi_{ak} \tag{8.7}$$

であり，ω は解析対象とする固有円振動数，ω_k は k 次モードの固有円振動数，ξ_k は k 次モードのモード減衰比，ξ_{sk} は k 次モードの構造減衰比，ξ_{ak} は k 次モードに作用する空力減衰比である．また，変動風速のクロススペクトルは，対象とする応答変位の方向に応じて風速のパワースペクトルを日野のスペクトル[9]や Busch and Panofsky スペクトル[10]で評価し，風速の空間相関関数[11]を用いて算出することができる．

さらに，式(8.4)で用いる空力アドミッタンスおよび式(8.7)の空力減衰比は，風洞実験や数値流体

解析により算出した静的空気力係数を用いて算出することができる．抗力方向の応答を対象とするとき，橋桁の空力アドミッタンスは次式で表すことができる．

$$|Ha_{Ii}(\omega)|^2 = 4\left(\frac{\rho C_D A_{Di} \bar{U_i}^2}{2}\right)^2 \frac{|X_{Di}(\omega)|^2}{\bar{U_i}^2} \tag{8.8}$$

ここで，

$$|X_{Di}(\omega)|^2 = \frac{2}{(K_2\eta_i)^2}\{K_2\eta_i - 1 + exp(-K_2\eta_i)\} \tag{8.9}$$

$$A_{Di} = H \cdot L_i \tag{8.10}$$

$$\eta_i = \frac{\omega \cdot H}{2\pi\bar{U_i}} \tag{8.11}$$

であり，Hは桁高，L_iはi要素の要素長さである．また，空力減衰比は次式で算出できる．

$$\xi_{ak} = \{\phi_k^D\}^T \, diag\left[\frac{\rho C_D A_{Di} \bar{U_i}}{2\omega_k}\right]\{\phi_k^D\} \tag{8.12}$$

ここで，$\{\phi_k^D\}$はk次モードベクトルのうち，桁とケーブルについて各節点の抗力方向要素を抜き出したベクトルである．なお，空力減衰については，第4章に示した非定常空気力係数を用いて評価することも可能である[12]．

　揚力方向およびねじれ方向についても同様に，風洞実験もしくは数値流体解析で評価された静的空気力係数を用いてガスト応答変位を算出することが可能である．

参考文献

[1]　日本風工学会, "風工学ハンドブック：構造・防災・環境・エネルギー", 朝倉書店, 2007.

[2]　本州四国連絡橋公団, "本州四国連絡橋耐風設計基準（2001）・同解説", 2001.

[3]　H. Liepmann, "On the Application of Statistical Concepts to the Buffeting Problem", *Journal of the Aeronautical Sciences (Institute of the Aeronautical Sciences)*, vol. 19, no. 12. pp. 793–800, 1952. doi: 10.2514/8.2491.

[4]　A. G. Davenport, "Buffetting of a Suspension Bridge by Storm Winds", *Journal of the Structural Division*, vol. 88, no. 3, pp. 233–270, Jun. 1962, doi: 10.1061/JSDEAG.0000773.

[5]　A. G. Davenport, "The response of slender, line-like structures to a gusty wind", *Proceedings of the Institution of Civil Engineers*, vol. 23, no. 3, pp. 389–408, 1962, doi: 10.1680/iicep.1962.10876.

[6]　松本 泰尚, 藤野 陽三, 木村 吉郎, "状態方程式表示を用いたガスト応答解析の定式化の試み", 土木学会論文集, vol. 1996, no. 543, pp. 175–186, 1996, doi: 10.2208/jscej.1996.543_175.

[7]　K. Wilde, Y. Fujino, and J. Masukawa, "Time Domain Modeling of Bridge Deck Flutter", *J. Struct. Mech. Earthquake Eng.*, vol. 13, no. 2, pp. 19-30, 1996, doi: 10.2208/jscej.1996.543_19.

[8]　C. Xinzhong and K. Ahsan, "Aeroelastic Analysis of Bridges: Effects of Turbulence and Aerodynamic Nonlinearities", *Journal of Engineering Mechanics*, vol. 129, no. 8, pp. 885–895, Aug. 2003, doi: 10.1061/(ASCE)0733-9399(2003)129:8(885).

[9]　日野 幹雄, "瞬間最大値と評価時間の関係-とくに突風率について", 土木学会論文集, vol. 1965, no. 117, pp. 23–33, 1965, doi: 10.2208/jscej1949.1965.117_23.

[10]　N. E. Busch and H. A. Panofsky, "Recent spectra of atmospheric turbulence", *Q. J. Roy. Meteor. Soc.*, vol. 94, no. 66, pp. 132–148, 1968, doi: 10.1002/qj.49709440003.

[11]　A. G. Davenport, "The spectrum of horizontal gustiness near the ground in high winds", *Quarterly Journal of the Royal Meteorological Society*, vol. 87, no. 372, pp. 194–211, 1961, doi: 10.1002/qj.49708737208.

[12]　E. Simiu and R. H. Scanlan, "*Wind effects on structures: fundamentals and applications to design*", John Wiley New York, 1996.

Appendix　計算事例

　Appendix では，各種形状を対象として数値流体解析により算出された静的空気力係数，非定常空気力係数，渦励振応答の評価結果を，対応する風洞実験結果と併せて示す．これらの事例の中から，各プロジェクトにおける計算対象と最も近いケースを参考とし，計算領域の設定，格子解像度，時間刻みや評価時間といった解析条件の設定について習熟を促すことを目的とする．

A.1　B/D=5 矩形柱の静的空気力係数と非定常空気力係数

A.1.1　解析対象

　対象とするのは，桁幅Bと桁高Dの比率B/Dが 5 の矩形柱である．

A.1.2　静的空気力係数

（1）　評価項目

　一様流中において対象断面に作用する空気力の時間平均から，次式によって静的空気力係数を算出する．

$$C_D = \frac{\overline{Drag(t)}}{\frac{1}{2}\rho U^2 DL} \tag{A.1.1}$$

$$C_L = \frac{\overline{Lift(t)}}{\frac{1}{2}\rho U^2 BL} \tag{A.1.2}$$

$$C_M = \frac{\overline{Moment(t)}}{\frac{1}{2}\rho U^2 B^2 L} \tag{A.1.3}$$

　ここで，$\overline{Drag(t)}$，$\overline{Lift(t)}$，$\overline{Moment(t)}$はそれぞれ対象断面に作用する抗力，揚力，モーメントの時間平均値，C_D, C_L, C_Mはそれぞれ抗力係数，揚力係数，モーメント係数，ρは空気密度，Uは平均風速，Bは桁幅，Dは桁高，Lはスパン方向長さである．なお，静的空気力係数は風軸に基づいて評価した．

　断面形状の対称性から正の迎角のみを対象とし，風洞実験は 0 度から+10 度まで 1 度毎，数値流体解析は 0 度から+6 度まで 2 度毎の評価を基本とする．

（2）　風洞実験の概要

　数値流体解析結果の妥当性評価のため，ここでは既往の 4 つの研究成果を参照する．

1）　Mannini et al.の実験[1]

　Mannini et al.は，乱れ強度 0.7%の一様流中において，圧力測定試験および六分力測定試験によって静的空気力係数の評価を行った．圧力測定試験では，模型表面に設置された 61 点の圧力孔に作用する圧力を測定し，測定した圧力の積分により空気力を評価した．六分力測定試験では，風洞

外部に設置された歪みゲージ式六分力計によって模型を支持し，模型に作用する空気力を直接計測した．数値流体解析では対象構造物表面に作用する圧力の積分で空気力の評価を行うが，一般的に数値流体解析の解析格子は風洞実験の圧力孔の配置と比較して非常に細かい．このため，数値流体解析における圧力の積分値は，風洞実験における風力の直接測定と同等であると考えられ，以降のグラフでは六分力計による直接計測の結果を示す．

実験模型の幅Bは300 mm，高さDは60 mm，スパン方向長さLは2,380 mmであり，両端に設置された端板の幅は480 mm（模型前縁から風上側に30 mm，模型後縁から風下側に150 mm），高さは300 mmである．迎角0度における閉塞率は3.75%，最大迎角（+10度）における閉塞率は6.95%である．全てのケースで閉塞率に対する補正は行っていない．また，模型が無い状態で模型中心位置と3,500 mm上流における風速比を事前に計測した上で，空気力測定中（模型設置後）に3,500 mm上流で計測された風速と前述の風速比を用いて，模型中心位置における基準風速を算出した．桁高Dを代表長さとした場合のレイノルズ数Reは22,500である．

2) 京都大学の実験

京都大学桂キャンパスの吹出式風洞（断面寸法：高さ1,800 mm×幅1,000 mm，乱れ強度：0.3%以下）において，導流壁（高さ1,000 mm×幅950 mm，模型中心から風上端までの長さ：500 mm，模型中心から風下端までの長さ：500 mm）・3分力天秤（ジンバルなし）・測定架台などにより構成される空気力測定装置を設置し，空気力測定実験を実施した．

実験模型の幅Bは125 mm，高さDは25 mm，スパン方向長さLは900 mmであり，両端に設置された端板の幅は260 mm，高さは220 mmである．迎角0度における閉塞率は1.39%，最大迎角（+10度）における閉塞率は2.57%である．空気力測定中（模型設置後）に模型設置断面（模型中心から上に750 mmの位置）において同時に測定した風速を基準風速とした．桁高Dを代表長さとした場合のレイノルズ数Reは27,000である．

3) 電力中央研究所の実験

電力中央研究所我孫子地区内の吹出式開放型風洞[2]（吹出口寸法：高さ2,500 mm×幅1,600 mm，乱れ強度：0.5%以下，平均風速分布：±1%以下）において，風洞設備の下流に導流壁（断面寸法：高さ2,500 mm×幅1,040 mm，模型中心から風上端までの長さ：1,100 mm，模型中心から風下端までの長さ：2,000 mm）・3分力天秤（ジンバルあり）・測定架台などにより構成される空気力測定装置を設置し，空気力測定実験を実施した．

実験模型の幅Bは125 mm，高さDは25 mm，スパン方向長さLは1,000 mmであり，両端に設置された端板の直径は300 mmである．迎角0度における閉塞率は1%，最大迎角（+10度）における閉塞率は1.85%である．空気力測定中（模型設置後）に模型設置断面（模型中心から上に1,000 mmの位置）において同時に測定した風速を基準風速とした．桁高Dを代表長さとした場合のレイノルズ数Reは18,000である．

4) Scheweの実験[3]

Scheweは，乱れ強度0.4%以下の一様流中において，三分力測定試験によって静的空気力係数の

評価を行った．測定胴の断面寸法は 600 mm×600 mm である．実験模型の幅Bは 55.4 mm，高さDは 11 mm，スパン方向長さLは 600 mm であり，角部の曲率半径は 20 μm である．迎角 0 度における閉塞率は 1.8%，最大迎角（+6 度）における閉塞率は 2.8%である．Schewe は様々なレイノルズ数を対象に計測を行い，レイノルズ数が静的空気力係数に与える影響について検討を行っているが，ここでは数値流体解析や他の実験で用いられたレイノルズ数と同等のレイノルズ数 12,000 の結果を参照する．

(3)　風洞実験の結果

　風洞実験で評価された静的空気力係数を図 A.1-1 にまとめる．風洞実験結果も一定のバラツキを有しており，気流の乱れ強度，閉塞率，模型の精度などの差異によって，特に迎角の大きな領域では静的空気力係数に有意な差が生じることが考えられる．このように，数値流体解析結果の精度検証に用いる風洞実験結果自体が有意なバラツキを有することになる．数値流体解析結果に求められる精度は解析の目的に応じて様々であるため，解析結果との比較では 4 つの実験結果の平均値，最大値および最小値を示した．

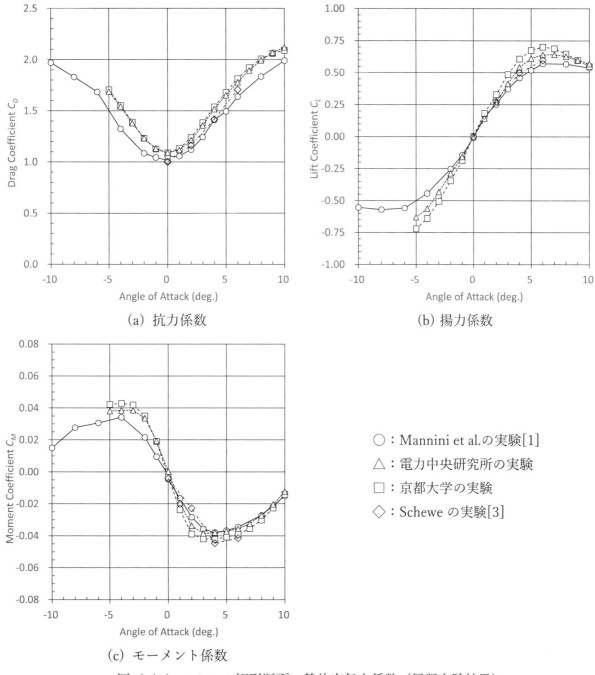

（a）抗力係数

（b）揚力係数

（c）モーメント係数

○：Mannini et al.の実験[1]
△：電力中央研究所の実験
□：京都大学の実験
◇：Schewe の実験[3]

図 A.1-1　$B/D = 5$ 矩形断面の静的空気力係数（風洞実験結果）

（4）　数値流体解析の概要

1）　概要

　解析対象は，風洞実験と同じ桁幅Bと桁高Dの比率B/Dが 5 の矩形柱である．ただし，URANS は二次元解析とし，LES のスパン方向の解析領域は桁高Dを基準として$1D \sim 5D$とした．代表長さを桁高Dとした場合のレイノルズ数は 20,000 とし，風洞実験と概ね同等である．

　解析手法等の影響を評価するため，ここでは 5 つの手法および条件での解析結果を示す．

表 A.1-1　　$B/D = 5$矩形柱の解析ケース

条件	解析手法	乱流モデル	解析格子	時間刻み
条件1	手法①	LES（標準 Smagorinsky モデル（$Cs = 0.1$），Van Driest 減衰関数）	格子①	$U\Delta t/D = 0.025$
条件2	手法②	LES（標準 Smagorinsky モデル（$Cs = 0.1$），Van Driest 減衰関数）	格子①	$U\Delta t/D = 0.025$
条件3	手法③	LES（Smagorinsky-Lilly モデル（$Cs = 0.1$）	格子②	$U\Delta t/D = 0.017$
条件4	手法①	URANS (Unsteady RANS)（$k - \omega$ SST モデル）	格子③	$U\Delta t/D = 0.05$
条件5	手法①	URANS (Unsteady RANS)（$k - \omega$ SST モデル）	格子③	$U\Delta t/D = 0.025$

2)　解析手法

　表 A.1-1 に示したとおり，解析手法の影響を検討するため，ここでは 3 つの解析手法を用いた．それぞれの手法の概要について，表 A.1-2 にまとめる．

表 A.1-2　　$B/D = 5$矩形柱の解析に用いた解析手法

	解析手法①	解析手法②	解析手法③
計算コード	自作コード[4]	STAR-CCM+	Ansys Fluent
計算法	疑似圧縮性解法[5]	非圧縮性解法	非圧縮性解法
対流項	五次精度風上差分[5, 6]	MUSCL 三次精度/CD スキーム	二次精度風上差分
粘性項	二次精度中心差分	二次精度中心差分	二次精度中心差分
時間積分法	二次精度陰解法[5]	二次精度陰解法	二次精度陰解法

3)　解析領域および解析格子

　表 A.1-1 に示したとおり，ここでは 3 つの解析格子を用いた．格子①は LES 用の解析格子であり，微細な渦構造まで再現できるよう細かな格子を用いている．格子②は LES 用の解析格子であるが，本ガイドラインに定める格子の最低条件を辛うじて満足する格子である．格子③は RANS 用の解析格子であり，2 次元の格子である．格子①と格子③は，壁面近傍の格子厚や角柱角部における格子分割は等しい．なお，角柱角部における格子品質向上のため，格子①と格子③は角柱角部を半径D/200の円形状とした．また，格子①および格子②では，スパン方向には側面のサーフェスメッシュを等間隔で押し出して解析格子を作成した．格子①から格子③の概要を表 A.1-3 にまとめ，格子①および格子②をそれぞれ図 A.1-2 および図 A.1-3 に示す．なお，格子③は格子点数などが格子①と異なるが，図表での違いの判別は困難であり省略した．

表 A.1-3　　*B/D* = 5矩形柱の解析格子

	格子①	格子②	格子③
格子タイプ	O 型格子	非構造格子	O 型格子
解析領域	53.6*D* × 53.1*D* × 5*D*	30.0*D* × 22.0*D* × 1.0*D*	54.8*D* × 53.2*D*
スパン方向格子幅	*D*/50	*D*/10	—
壁面の第一セルの高さ	*D*/2,000	*D*/3,500	*D*/2,000
角部の格子幅	*D*/400	*D*/100	*D*/400
格子点数	751 × 401 × 251 (75,588,901)	約 540 万	562 × 201 (113,565)
角部の切り欠き	半径*D*/200の円	なし	半径*D*/200の円

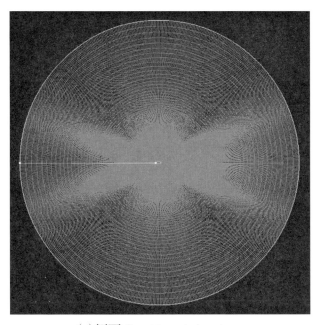

(a)側面サーフェスメッシュ

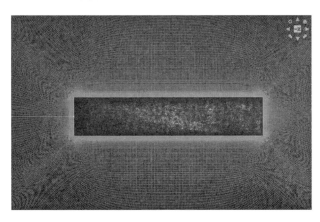

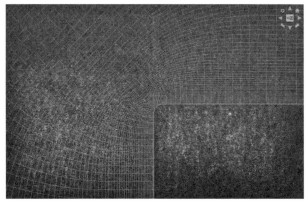

（b）角柱周辺の解析格子　　　　　　　　　（c)角部周辺の解析格子

図 A.1-2　　*B/D* = 5矩形柱の解析格子（格子①）

69

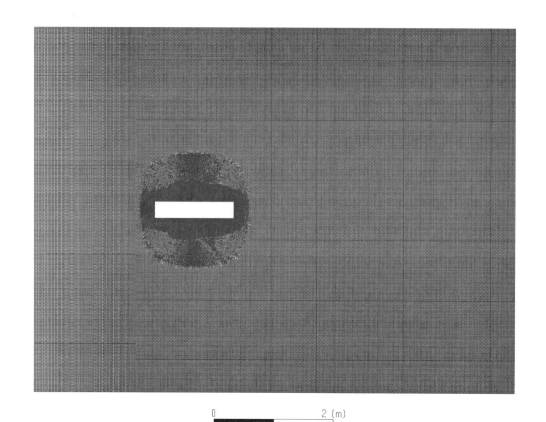

0 　　　　　　　2 (m)

（a）側面サーフェスメッシュ

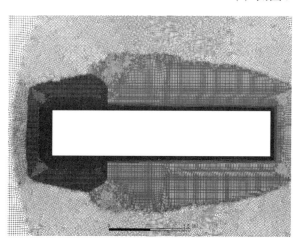

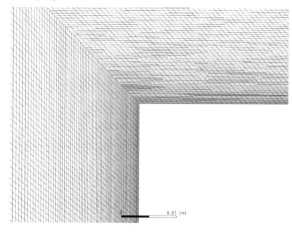

0.01 (m)

（b）角柱周辺の解析格子　　　　　　　　　　（c）角部周辺の解析格子

図 A.1-3　B/D = 5矩形柱の解析格子（格子②）

4)　解析条件

各条件の解析条件を表 A.1-4 にまとめる．

70

表 A.1-4　各計算の解析条件

	条件 1	条件 2	条件 3	条件 4	条件 5
レイノルズ数(UD/ν)	20,000	20,000	20,000	20,000	20,000
流入境界	$U = \mathrm{const}$ (characteristic 流入境界[5])	$U = \mathrm{const}$	$U = \mathrm{const}$	$U = \mathrm{const}$ (characteristic 流入境界[5]) $k = \omega\nu_t$ $\omega = U/B$ $\nu_t = 10^{-3}\nu$	$U = \mathrm{const}$ (characteristic 流入境界[5]) $k = \omega\nu_t$ $\omega = U/B$ $\nu_t = 10^{-3}\nu$
流出境界	$p = 0$ (characteristic 流出境界[5])	$p = 0$	自由流出境界条件	$p = 0$ (characteristic 流出境界[5])	$p = 0$ (characteristic 流出境界[5])
壁面境界	no-slip	Spalding 則	no-slip	no-slip $k = 0$ $\omega = 60\nu/(\beta_1(\Delta y)^2)$ $\beta_1 = 0.0750$	no-slip $k = 0$ $\omega = 60\nu/(\beta_1(\Delta y)^2)$ $\beta_1 = 0.0750$
スパン方向境界	周期境界	周期境界	周期境界	－	－
時間刻み($U\Delta t/D$)	0.025	0.025	0.017	0.05	0.025
評価時間(UT/D)	2,250	400	200	400	400

(5)　数値流体解析結果

　　5 つの条件の数値流体解析結果を図 A.1-4 に示す．形状の対称性のため，正迎角の範囲のみを示すとともに，風洞実験結果については図 A.1-1 に示した 4 つの実験結果の平均値を示し，かつ最小値と最大値の範囲を網掛けで示した．ただし，条件 3 の解析結果については，閉塞率が 5%と比較的大きく，風路の閉塞効果によって物体位置で動圧上昇が発生することが確認された．このため，解析結果には動圧補正として 5%の風速増加を加味して算出した静的空気力係数を示した．

　　RANS の解析結果は，迎角が大きくなると LES 解析結果と差異が生じ，特にモーメント係数では風洞実験結果を基に算出した推定範囲から大きく離れている．

71

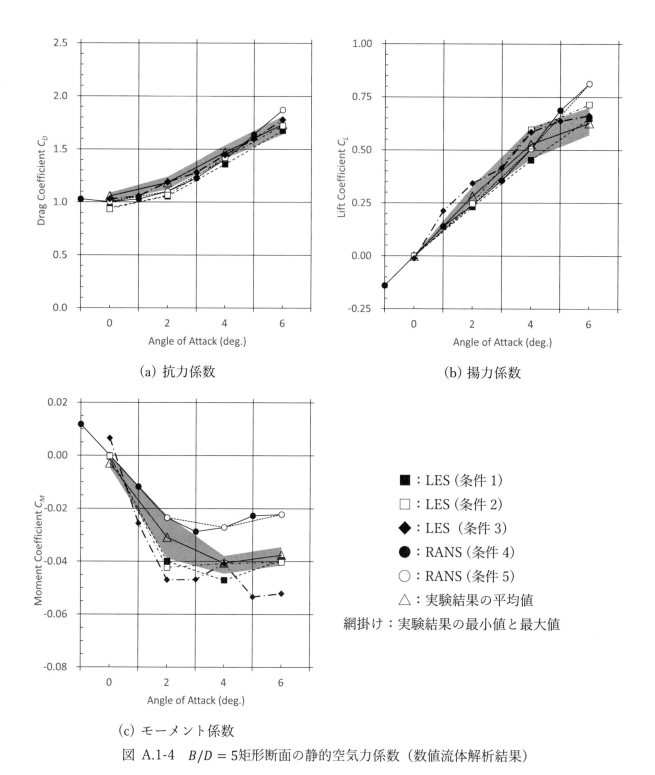

（a）抗力係数　　　　　　　　　　　　　　　（b）揚力係数

■：LES（条件1）
□：LES（条件2）
◆：LES（条件3）
●：RANS（条件4）
○：RANS（条件5）
△：実験結果の平均値
網掛け：実験結果の最小値と最大値

（c）モーメント係数

図 A.1-4　$B/D = 5$ 矩形断面の静的空気力係数（数値流体解析結果）

（6）　迎角+2 度の静的空気力係数に対するパラメータスタディ

　不適切な計算事例で後述するように，$B/D = 5$ 矩形柱では適切な格子を用いない場合には，数値流体解析結果が風洞実験結果と著しく異なる結果となった．風洞実験結果と数値流体解析結果の乖離は，特に迎角+2 度において顕著であった．ここでは，迎角+2 度の $B/D = 5$ 矩形柱を対象として，格子解像度を様々に変化させた数値流体解析を実施し，解析結果に与える影響について検討を行う．

1)　解析手法と解析ケース

　　解析手法は A.1.2 (4)の条件 2 と同一である．解析格子は A.1.2 (4)の格子①を基本とする．すなわち，格子点数は周方向（矩形柱壁面まわり）に 751 点，半径方向（壁面直交方向）に 401 点，スパン方向の解析領域は$5D$，スパン方向格子刻みは$D/50$である．時間刻みは$Ut/D = 0.025$とし，乱流モデルは標準 Smagorinsky モデル（$Cs = 0.10$，van Driest 減衰関数）を用いた．

　　Case 1 は A.1.2 (5)に示した基本ケースであり，Case 2 および Case 3 ではスパン方向の格子刻みをそれぞれ 2 倍，4 倍とした．Case 4 以降はスパン方向格子刻みを$D/25$に固定した．Case 4 は周方向の格子点数を 1/2 とし，Case 5 は半径方向の格子点数を 1/2 とした．Case 6 および Case 7 は，周方向の格子点数を 1/2 に固定して，半径方向の格子点数を 1/2 および 1/3 とした．ただし，半径方向の格子点数を低減した場合にも，壁面から 3 層の境界層格子は同一とした．以上，全ての解析条件を表 A.1-5 にまとめる．

表 A.1-5　　$B/D = 5$矩形柱を対象としたパラメータスタディの解析ケースと条件

Case 名	スパン方向 解析領域 (L_z)	スパン方向 格子刻み (ΔZ)	格子点数			備考
			周方向 (n_x)	半径方向 (n_y)	スパン方向 (n_z)	
Case 1	$5D$	$D/50$	751	401	251	基本ケース
Case 2	$5D$	$D/25$	751	401	126	ΔZを 2 倍
Case 3	$10D$	$D/12.5$	751	401	126	ΔZを 4 倍
Case 4	$5D$	$D/25$	376	401	126	n_xを 1/2，ΔZを 2 倍
Case 5	$5D$	$D/25$	751	203	126	n_yを 1/2，ΔZを 2 倍
Case 6	$5D$	$D/25$	376	203	126	n_x, n_yを 1/2，ΔZを 2 倍
Case 7	$5D$	$D/25$	376	137	126	n_xを 1/2，n_yを 1/3，ΔZを 2 倍

2)　解析結果

　　各ケースで算出した抗力係数，揚力係数およびモーメント係数を図 A.1-5 に示す．Case 1 からCase 4 では，多少のバラツキはあるものの，全ての係数で概ね同程度の値となった．一方，Case 5および Case 6 では，揚力係数およびモーメント係数が Case 1 から Case 4 とは明らかに異なる傾向を示しており，Case 7 ではその傾向がより顕著になった．表 A.1-5 に示したとおり，Case 5 から Case 7 では，半径方向の格子点数を 1/2 もしくは 1/3 としており，半径方向の格子解像度が解析結果に影響を与えたと考えられる．一方，Case 4 では周方向の格子点数を 1/2 としたが，解析結果に大きな変化は見られなかった．このため，今回の条件では，半径方向の格子が静的空気力の評価結果に大きな影響を与えると言える．

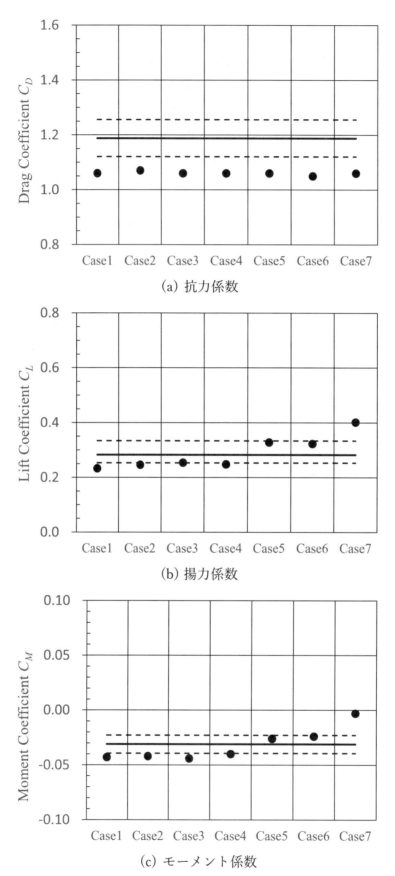

（a）抗力係数

（b）揚力係数

（c）モーメント係数

図 A.1-5　　各計算条件での$B/D = 5$矩形柱の静的空気力係数評価結果の比較
（図中の実線は風洞実験の平均値，破線は風洞実験の最小値および最大値を表す）

(7)　不適切な計算事例

1)　解析概要

　　不適切な解析条件を設定したり，不十分な解像度の解析格子を用いたりした場合には，適切な解析結果が得られない．ここでは，不十分な解像度の解析格子を用いた場合の解析事例を示す．

　　解析手法は，A.1.2 (4)の解析手法②と同一である．解析格子の条件を表 A.1-6 および図 A.1-6 に示す．また，解析条件を表 A.1-7 にまとめる．

表 A.1-6　解析格子の条件（不適切な計算事例）

格子タイプ	非構造格子
解析領域	$55D \times 40D \times 3D$
スパン方向格子幅	$D/20$
壁面の第一セルの高さ	$D/1000$
角部の格子幅	$D/250$
格子点数	4,293,375
角部の切り欠き	なし

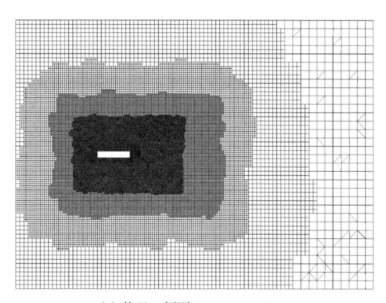

(a) 格子の側面サーフェスメッシュ

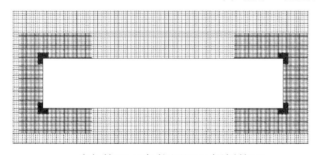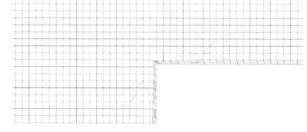

　　(b) 格子の角柱周辺の解析格子　　　　　(c) 格子の角部周辺の解析格子

図 A.1-6　$B/D = 5$矩形柱の解析格子（不適切な計算事例）

表 A.1-7　不適切な計算事例の解析条件

レイノルズ数(UD/ν)	20,000
乱流モデル	WALE モデル
流入境界	$U = \mathrm{const}$
流出境界	$p = 0$
壁面境界	Spalding 則
スパン方向境界	slip 条件
時間刻み($U\Delta t/D$)	0.009
評価時間(UT/D)	600

2)　解析結果

　上記の解析条件を用いて行った数値流体解析により評価した静的空気力係数を図 A.1-7 にその他の解析結果と合わせて示す．風洞実験結果と比較すると，モーメント係数に有意な差異が確認できる．特に迎角＋2度においては，揚力係数とモーメント係数が実験結果から大きく乖離する結果となった．適切な結果が得られた解析格子と比較すると，格子点数が極めて少なく，A.1.2 (6)での検討結果を考慮すれば，不十分な格子解像度のために，適切な解析結果が得られなかったと推察される．

　このように数値流体解析では，本ガイドラインに示す最低条件を満たす解析格子であっても，対象とする形状や迎角，および空力現象によっては，必ずしも適切な解析格子と言えるとは限らず，適切な結果を得られないこともある．このため，特に風洞実験との比較検証を行わず，数値流体解析のみで静的空気力の評価を行う場合には，格子や時間刻みに対する収束性を確認し，適切な解析条件を用いて解析を行う必要がある．

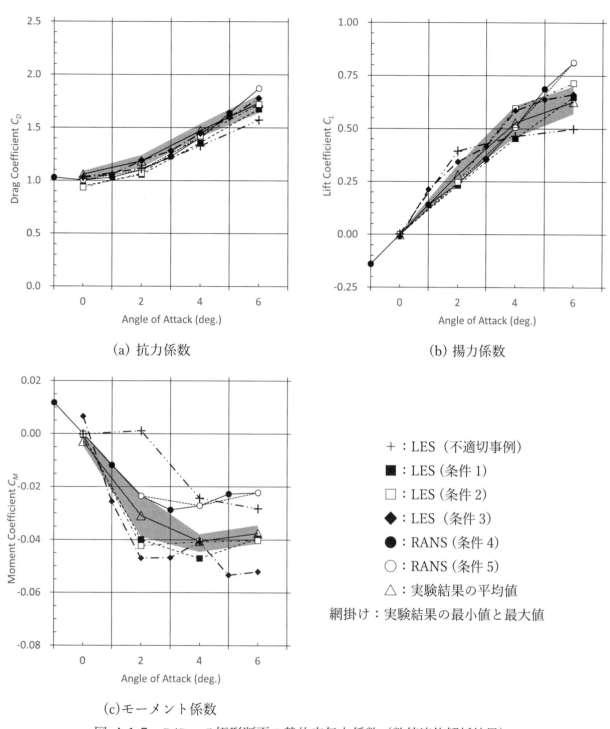

（a）抗力係数　　　　　　　　　　（b）揚力係数

＋：LES（不適切事例）
■：LES（条件1）
□：LES（条件2）
◆：LES（条件3）
●：RANS（条件4）
○：RANS（条件5）
△：実験結果の平均値

網掛け：実験結果の最小値と最大値

（c）モーメント係数

図 A.1-7　$B/D = 5$ 矩形断面の静的空気力係数（数値流体解析結果）

A.1.3 非定常空気力係数

(1)　評価項目

　一様流中において調和振動する対象断面（迎角0度）に作用する空気力の時刻歴から，次式によって非定常空気力係数を算出する．

$$Lift(K) = \frac{1}{2}\rho U^2 B \left[KH_1^* \frac{\dot{h}}{U} + KH_2^* \frac{B\dot{\alpha}}{U} + K^2 H_3^* \alpha + K^2 H_4^* \frac{h}{B} + KH_5^* \frac{\dot{p}}{U} + K^2 H_6^* \frac{p}{B} \right] \tag{A.1.4}$$

$$Moment(K) = \frac{1}{2}\rho U^2 B^2 \left[KA_1^* \frac{\dot{h}}{U} + KA_2^* \frac{B\dot{\alpha}}{U} + K^2 A_3^* \alpha + K^2 A_4^* \frac{h}{B} + KA_5^* \frac{\dot{p}}{U} + K^2 A_6^* \frac{p}{B} \right] \tag{A.1.5}$$

$$Drag(K) = \frac{1}{2}\rho U^2 B \left[KP_1^* \frac{\dot{p}}{U} + KP_2^* \frac{B\dot{\alpha}}{U} + K^2 P_3^* \alpha + K^2 P_4^* \frac{p}{B} + KP_5^* \frac{\dot{h}}{U} + K^2 P_6^* \frac{h}{B} \right] \tag{A.1.6}$$

ただし，$Lift(K)$：単位長さあたり非定常揚力，$Moment(K)$：単位長さあたり非定常ピッチングモーメント，$Drag(K)$：単位長さあたり非定常抗力，ρ：空気密度，B：幅員，ω：円振動数，U：平均風速，h：鉛直曲げ変位，α：ねじれ角，p：水平曲げ変位，H_i^*, A_i^*, P_i^* $(i = 1 \sim 6)$：非定常空気力係数である．

(2)　風洞実験の概要

1)　Matsumoto（1996）の実験

Matsumoto[7]および Matsumoto et al. [8]は$B/D = 1$から$B/D = 20$の矩形柱を対象に，鉛直曲げおよびねじれの各一自由度の調和振動下において模型に作用する非定常圧力を測定し，非定常空気力係数の評価を行った．ここでは，Matsumoto の実験結果のうち，$B/D = 5$矩形柱を対象とした実験結果を参照する．模型側面には 20 の圧力測定点が設けられており，作用する圧力の積分により非定常空気力係数を算出している．模型は幅 200 mm，高さ 40 mm であり，高さ 1.0 m，幅 0.7 m，最大風速が 15 m/s の風洞で測定を行った．

2)　Sarkar（2009）の実験

Sarkar[9]は$B/D = 5$矩形柱を対象に，鉛直曲げおよびねじれの調和振動下において模型に作用する非定常圧力を測定し，非定常空気力係数の評価を行った．模型表面には，上下面に各 16 点，計 32 点の圧力測定点が設けられており，作用する圧力の積分により非定常空気力係数を算出している．模型は幅 127.0 mm，高さ 25.4 mm，長さ 533 mm であり，模型の加振振動数は 3.3 Hz である．なお，風洞の測定洞サイズは高さ 0.91 m，幅 0.76 m である．

3)　堀（2007）の実験

堀[10]は$B/D = 5$矩形柱を対象に，鉛直曲げおよびねじれの調和振動下において模型に作用する非定常空気力を三分力計で測定し，非定常空気力係数の評価を行った．模型は幅 300 mm，高さ 60 mm である．風洞の測定洞サイズは，高さ 1.8 m，幅 1.0 m であり，模型設置位置における主流方向乱れ強度は平均風速 10 m/s 付近で 0.3%以下である．

(3)　風洞実験の結果

風洞実験で評価された非定常空気力係数を図 A.1-8 および図 A.1-9 にまとめる．なお，図中の無次元風速はU/fB（Uは平均風速，fは加振周波数，Bは幅員）である．$B/D = 5$矩形断面の静的空

気力係数と同様に風洞実験結果も一定のバラツキを有しており，特にフラッター発現風速に大きな影響を与える$H_1^*, A_1^*, A_2^*, H_3^*, A_3^*$[11]においても実験結果に一定の差異が確認できる．気流の乱れ強度，閉塞率，模型の精度などの差異によって，非定常空気力係数に有意な差が生じることが考えられる．$B/D = 5$矩形断面は，前縁角部で生じた剥離剪断層が断面側面に非定常に再付着する辺長比であり，剥離剪断層の挙動のわずかな違いで断面まわりの流れ場は大きく変化するため，気流や模型の精度などの実験条件に極めて敏感な形状である．

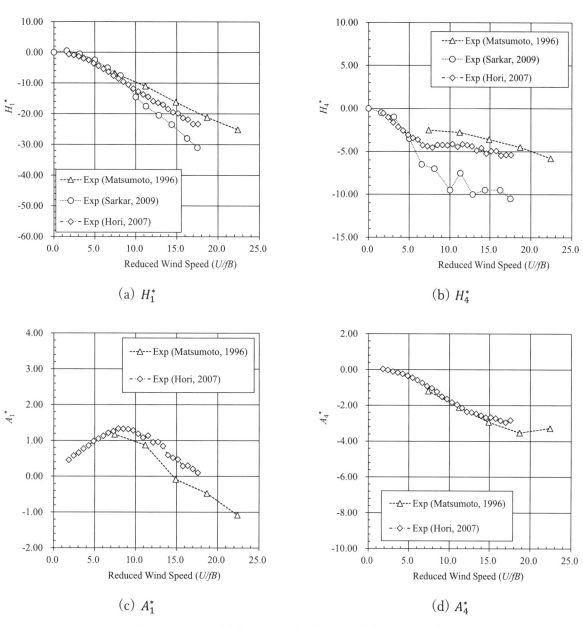

図 A.1-8　　鉛直曲げ振動に伴う非定常空気力係数

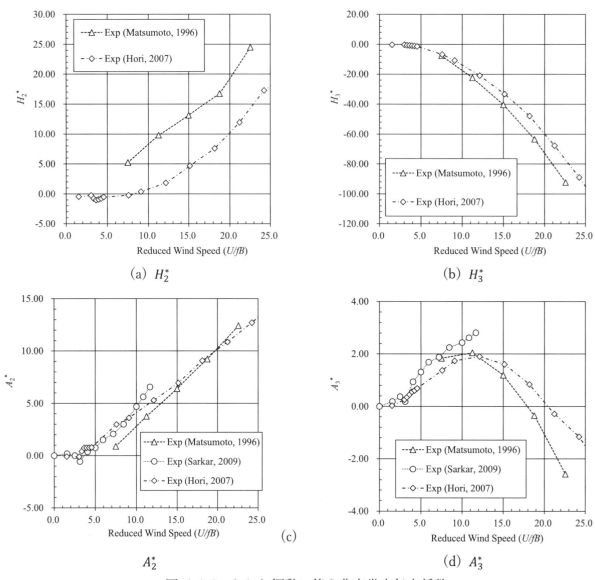

図 A.1-9　ねじれ振動に伴う非定常空気力係数

(4)　数値流体解析の概要

1)　概要

　解析対象は，風洞実験と同じ桁幅Bと桁高Dの比率B/Dが 5 の矩形柱である．ただし，スパン方向の解析領域は，桁高Dを基準としてDおよび$5D$とした．代表長さを桁高Dとした場合のレイノルズ数は約 20,000 とした．

　解析手法等の影響を評価するため，ここでは 3 つの手法および条件での解析結果を示す．

表 A.1-8　　$B/D = 5$ 矩形柱の解析ケース

	解析手法	乱流モデル	解析格子	時間刻み
Case 1	手法①	LES（標準 Smagorinsky モデル（$Cs = 0.1$），Van Driest 減衰関数）	格子①	$U\Delta t/D = 0.025$
Case 2	手法②	LES（Smagorinsky-Lilly モデル（$Cs = 0.1$）	格子②	$U\Delta t/D = 0.017$
Case 3	手法③	URANS (Unsteady RANS)（$k - \omega$ SST モデル）	格子③	$U\Delta t/D = 0.05$

2)　解析手法

　　表 A.1-8 に示したとおり，解析手法の影響を検討するため，ここでは 3 つの解析手法を用いた．それぞれの手法の概要について，表 A.1-9 にまとめる.

表 A.1-9　　$B/D = 5$ 矩形柱の解析に用いた解析手法

	解析手法①	解析手法②	解析手法③
計算コード	STAR-CCM+	Ansys Fluent	自作コード[12]
計算法	非圧縮性解法	非圧縮性解法	疑似圧縮性解法[5]
対流項	MUSCL 三次精度/CD スキーム	二次精度風上差分	五次精度風上差分[5, 6]
粘性項	二次精度中心差分	二次精度中心差分	二次精度中心差分
時間積分法	二次精度陰解法	二次精度陰解法	二次精度陰解法[5]

3)　解析領域および解析格子

　　表 A.1-8 に示したとおり，ここでは 3 つの解析格子を用いた．格子①は，静的空気力係数を対象としたパラメータスタディにおいて，計算負荷と結果のバランスに優れた Case 4 に用いたものと同一の解析格子である．一方，格子②および③は，静的空気力係数評価において条件 2 および条件 3 で用いたものと同一の解析格子である．ただし，断面が静止した場合と振動する場合では，断面まわりに形成される流れ場は異なるため，静的空気力係数算出のための解析格子と非定常空気力係数算出のための解析格子は本来異なるものであり，格子に対する収束性については検討が必要である．なお，より細かな解析格子を用いて格子の収束性について検証するのが困難な場合には，Richardson Extrapolation を用いて収束後の解析結果を得る方法も提案されている[13]．

　　格子①および格子②では，スパン方向には側面のサーフェスメッシュを等間隔で押し出して解析格子を作成した．格子①から格子③の概要を表 A.1-10 にまとめる.

表 A.1-10　$B/D = 5$矩形柱の解析格子

	格子①	格子②	格子③
格子タイプ	O型格子	非構造格子	O型格子
解析領域	$53.6D \times 53.1D \times 5D$	$30.0D \times 22.0D \times 1.0D$	$54.8D \times 53.2D$
スパン方向格子幅	$D/25$	$D/10$	－
壁面の第一セルの高さ	$D/2,000$	$D/3,500$	$D/2,000$
格子点数	$376 \times 401 \times 126$ (18,750,000)	約540万	565×201 (113,565)
角部の切り欠き	半径$D/200$の円	なし	半径$D/200$の円

4)　解析条件

各ケースの解析条件を表 A.1-11 にまとめる.

表 A.1-11　$B/D = 5$矩形柱の非定常空気力係数算出時の解析条件

	Case1	Case2	Case3
レイノルズ数 (UD/v)	20,000	20,000	20,000
流入境界	$U = \text{const}$	$U = \text{const}$	$U = \text{const}$ (characteristic 流入境界[5]) $k = \omega v_t$ $\omega = U/B$ $v_t = 10^{-3}v$
流出境界	$p = 0$	自由流出境界条件	$p = 0$ (characteristic 流出境界[5])
壁面境界	Spalding 則	no-slip	no-slip 条件 $k = 0$ $\omega = 60v/(\beta_1(\Delta y)^2)$ $\beta_1 = 0.0750$
スパン方向境界	周期境界	周期境界	－
時間刻み$(U\Delta t/D)$	0.025	0.017	0.05
加振振幅	ねじれ：2度 鉛直曲げ：$B/100$	ねじれ：2度 鉛直曲げ：$B/50$	ねじれ：1度 鉛直曲げ：$B/100$
評価時間(UT/D)	1,125	8周期	10周期 ($U/fB = 2.5$のケースのみ 20周期)

5)　　数値流体解析結果

　各ケースの非定常空気力係数評価結果を，風洞実験結果と合わせて図 A.1-10 および図 A.1-11 に示す．H_2^*およびH_4^*以外については，Case 1 と Case 3 は概ね同様の傾向を示している．H_2^*およびH_4^*については，フラッター発現風速に与える影響は小さく，実験結果も比較的バラツキの大きな非定常空気力係数である．また，鉛直曲げ加振に伴う非定常空気力係数のうち無次元風速 20 の値については，Case 1 と Case 3 でやや異なる傾向を示している．ただし，どちらの結果も概ね実験結果とは対応することが確認できる．

　Case 2 については，A_2^*およびH_3^*については他のケースや実験結果と概ね同等の結果となるものの，特にA_1^*は他の結果とは大きく異なる傾向を示している．風洞実験結果において述べたように，$B/D = 5$矩形断面は剥離剪断層のわずかな挙動の違いによって断面まわりの流れ場が大きく変化するため，実験条件や解析条件に非常に敏感な断面である．数値流体解析の場合には，解析格子が異なると流れ場も変化するため，解析格子の違いにより流れ場が影響を受けた可能性がある．また，今回の解析では比較的小さな加振振幅を用いているため，渦放出に伴う空気力の変動成分が変動空気力の加振周波数成分より卓越して，非定常空気力係数の算出誤差が大きくなった可能性も考えられる．

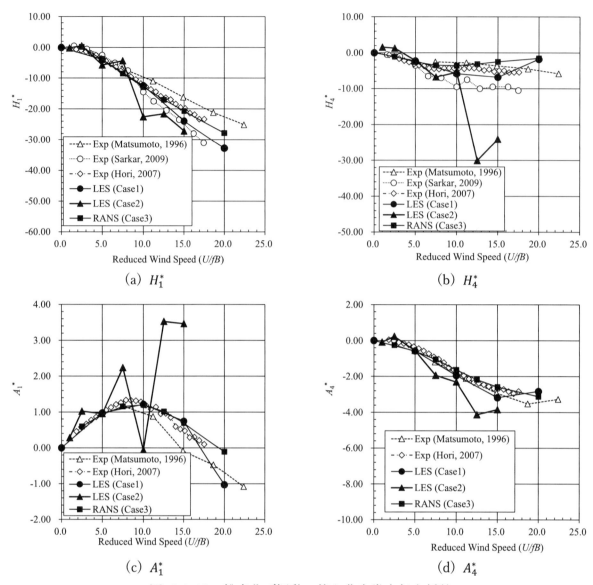

(a) H_1^*　　　　　　　　　　　(b) H_4^*

(c) A_1^*　　　　　　　　　　　(d) A_4^*

図 A.1-10　鉛直曲げ振動に伴う非定常空気力係数

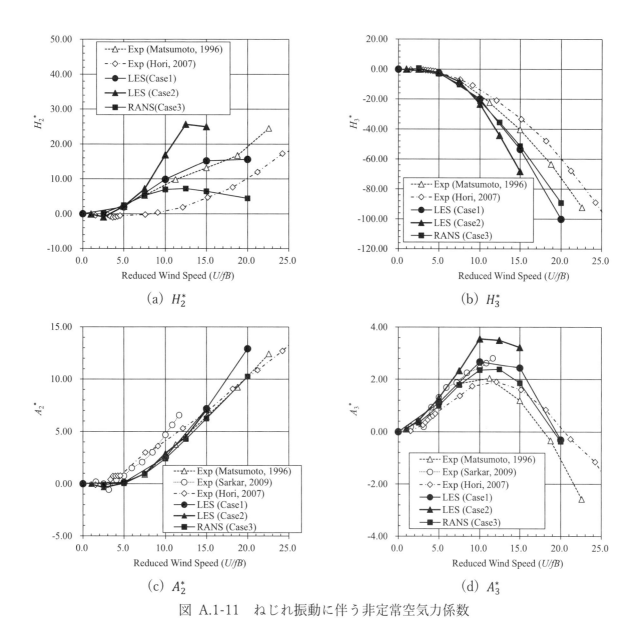

(a) H_2^*

(b) H_3^*

(c) A_2^*

(d) A_3^*

図 A.1-11　ねじれ振動に伴う非定常空気力係数

参考文献

[1]　C. Mannini, A. M. Marra, L. Pigolotti, and G. Bartoli, "The effects of free-stream turbulence and angle of attack on the aerodynamics of a cylinder with rectangular 5:1 cross section", *Journal of Wind Engineering and Industrial Aerodynamics*, vol. 161, no. December 2016, pp. 42–58, 2017, doi: 10.1016/j.jweia.2016.12.001.

[2]　松宮 央登, 西原 崇, "4導体送電線の大振幅ギャロッピング振動時における空気力モデルの検討", 日本風工学会論文集, vol. 38, no. 4, pp. 87–100, 2013, doi: 10.5359/jwe.38.87.

[3]　G. Schewe, "Reynolds-number-effects in flow around a rectangular cylinder with aspect ratio 1:5", *Journal of Fluids and Structures*, vol. 39, pp. 15–26, 2013, doi: 10.1016/j.jfluidstructs.2013.02.013.

[4]　黒田 眞一, "正方形角柱まわりの流れの数値計算", 宇宙航空研究開発機構特別資料：第42回流体力学講演会/航空宇宙数値シミュレーション技術シンポジウム2010論文集, vol. JAXA-SP-10-012, pp. 25–30, 2011.

[5]　S. E. Rogers, D. Kwak, and C. Kiris, "Steady and unsteady solutions of the incompressible Navier-Stokes equations", *AIAA Journal*, vol. 29, no. 4, pp. 603–610, Apr. 1991, doi: 10.2514/3.10627.

[6]　M. M. Rai, "Navier-Stokes Simulations of Blade-Vortex Interaction Using High-Order-Accurate Upwind Schemes", in *Computational Aeroacoustics*, pp. 417–430, 1993.

[7]　M. Matsumoto, "Aerodynamic damping of prisms", *Journal of Wind Engineering and Industrial Aerodynamics*, vol. 59, pp. 159–175, 1996, doi: 10.1016/0167-6105(96)00005-0.

[8]　M. Matsumoto, Y. Kobayashi, and H. Shirato, "The influence of aerodynamic derivatives on flutter", *Journal of Wind Engineering and Industrial Aerodynamics*, vol. 60, pp. 227–239, Apr. 1996, doi: 10.1016/0167-6105(96)00036-0.

[9]　P. P. Sarkar, L. Caracoglia, F. L. Haan, H. Sato, and J. Murakoshi, "Comparative and sensitivity study of flutter derivatives of selected bridge deck sections, Part 1: Analysis of inter-laboratory experimental data", *Engineering Structures*, vol. 31, no. 1, pp. 158–169, 2009, doi: 10.1016/j.engstruct.2008.07.020.

[10]　堀 高太郎, "Bluff Bodyの空力現象におけるカルマン渦の役割", 京都大学, 2007, doi: 10.14989/doctor.k12991.

[11]　松本 勝, 浜崎 博, 吉住 文太, "超長大吊橋補剛桁のフラッター安定化に関する研究", 土木学会論文集, vol. 1996, no. 537, pp. 191–203, 1996, doi: 10.2208/jscej.1996.537_191.

[12]　S. Kuroda, "Numerical computations of unsteady flows for airfoils and non-airfoil structures", in *15th AIAA Computational Fluid Dynamics Conference*, American Institute of Aeronautics and Astronautics, 2001. doi: doi:10.2514/6.2001-2714.

[13]　J. Pan and T. Ishihara, "Numerical prediction of hydrodynamic coefficients for a semi-sub platform by using large eddy simulation with volume of fluid method and Richardson extrapolation", *Journal of Physics: Conference Series*, vol. 1356, no. 1, p. 012034, 2019, doi: 10.1088/1742-6596/1356/1/012034.

A.2 扁平六角断面の静的空気力係数と非定常空気力係数

本章では，より橋桁に近い断面形状を対象とした計算事例として，伊藤と Graham[1]による扁平六角断面を対象とした静的空気力係数および非定常空気力係数の評価結果を示す．

A.2.1 解析対象

対象とするのは，Šarkić et al.の研究[2]で用いられた図 A.2-1 に示す箱桁断面である．幅員Bと桁高Dの比B/Dは 5.5 である．

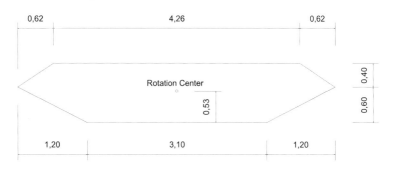

図 A.2-1　対象とする扁平六角断面の形状

A.2.2 静的空気力係数

(1)　評価項目

一様流中において対象断面に作用する空気力の時間平均から，次式によって静的空気力係数を算出する．

$$C_D = \frac{\overline{Drag(t)}}{\frac{1}{2}\rho U^2 BL} \tag{A.2.1}$$

$$C_L = \frac{\overline{Lift(t)}}{\frac{1}{2}\rho U^2 BL} \tag{A.2.2}$$

$$C_M = \frac{\overline{Moment(t)}}{\frac{1}{2}\rho U^2 B^2 L} \tag{A.2.3}$$

ここで，$\overline{Drag(t)}$，$\overline{Lift(t)}$，$\overline{Moment(t)}$はそれぞれ対象断面に作用する抗力，揚力，モーメントの時間平均値，C_D, C_L, C_Mはそれぞれ抗力係数，揚力係数，モーメント係数，ρは空気密度，Uは平均風速，Bは桁幅，Dは桁高，Lはスパン方向長さである．静的空気力係数は風軸に基づいて評価した．なお，ここで用いられている抗力係数の定義は，第 3 章に示した定義とは代表長が異なることに注意を要する．

風洞実験は 0 度から+10 度まで 2 度毎，数値流体解析は−14 度から+14 度まで 2 度毎に評価を行った．

(2)　風洞実験の概要

　　数値流体解析結果の妥当性評価のため，ここでは Šarkić et al.の研究成果[2]を参照する．Šarkić et al.は，乱れ強度 3~4 %の気流中において，圧力測定試験および三分力測定試験によって静的空気力係数の評価を行った．圧力測定試験では，模型表面に設置された 40 点の圧力孔に作用する圧力を測定し，測定した圧力の積分により空気力を評価した．三分力測定試験では，風洞外部に設置された歪みゲージ式三分力計によって模型を支持し，模型に作用する空気力を直接計測した．

　　実験模型の幅*B*は 366 mm，高さ*D*は 66.6 mm，スパン方向長さ*L*は 1,800 mm である．迎角 0 度におけるブロッケージ率は 3.75%である．静的空気力の測定に用いたレイノルズ数*Re*については明示されていないが，同じサイズの模型を用いて静的空気力係数の評価が行われた Šarkić et al.[3]の研究の実験では，桁高を代表長として 20,000~36,000 程度のレイノルズ数*Re*が用いられている．

(3)　風洞実験の結果

　　風洞実験で評価された静的空気力係数を図 A.2-2 にまとめる．測定方法により抗力係数に多少の差異が確認されるが，揚力係数とモーメント係数は全ての迎角で概ね一致している．

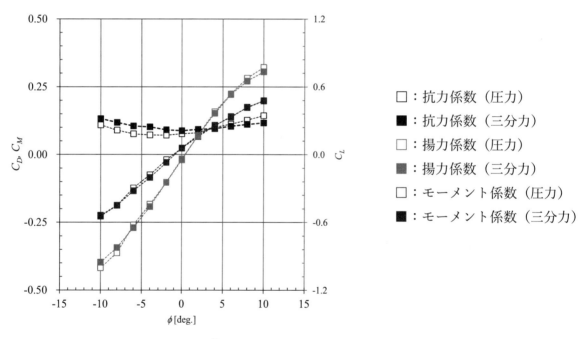

図 A.2-2　Šarkić et al.の風洞実験[2]による静的空気力係数

(4)　数値流体解析の概要

1)　概要

　　解析対象は，風洞実験と同じく Šarkić et al.の研究[2]で用いられた桁幅*B*と桁高*D*の比率*B*/*D*が 5.5 の扁平六角断面である．ただし，スパン方向の解析領域は，桁高*D*を基準として1*D*を基本とした．ただし，スパン方向の解析領域が解析結果に与える影響を確認するため，スパン方向解析領域

を最大で20Dまで広げたケースも実施した．代表長さを桁高Dとした場合のレイノルズ数は20,000とした．風洞実験と比較するとレイノルズ数が小さい可能性があるが，「風洞実験相似則に関する調査研究」[4]で提案されているレイノルズ数の下限値である10,000は上回るレイノルズ数である．

2)　解析手法

伊藤と Graham [1]の検討で用いた解析手法の概要について，表 A.2-1 にまとめる．

表 A.2-1　扁平六角断面の解析に用いた解析手法

計算コード	自作コード
計算法	非圧縮性解法
対流項	森西の手法[5, 6]に QUICK[7]の 1/5 の数値粘性を導入[8]
粘性項	二次精度中心差分
時間積分法	Fractional Step 法[9] 対流項：2 次精度の Adams-Bashforth 法 粘性項：2 次精度の Crank-Nicolson 法
乱流モデル	標準 Smagorinsky モデル[10]（$Cs = 0.12$）[11] van Driest の減衰関数[12]

3)　解析領域および解析格子

解析格子は図 A.2-3 に示す O 型の構造格子を用い，解析領域は主流方向および鉛直方向にそれぞれ63Dとした．スパン方向の解析領域は1Dを基本とし，スパン方向解析領域が解析結果に与える影響を確認するため，最大で20Dまで広げたケースも実施した．壁面の第一格子点の壁面直交方向サイズは$D/250$とし，壁面および流入出境界近傍においては格子の直交性を満たすように調整を行った．物理量はコロケート配置とした．格子点数は周方向に 421 点，半径方向に 264 点とし，スパン方向の格子分割はいずれのケースでも$D/20$とした．このため，スパン方向の解析領域が1Dの基本ケースでは，格子点数は約 230 万である．以上，解析格子の条件を表A.2-2 にまとめる．

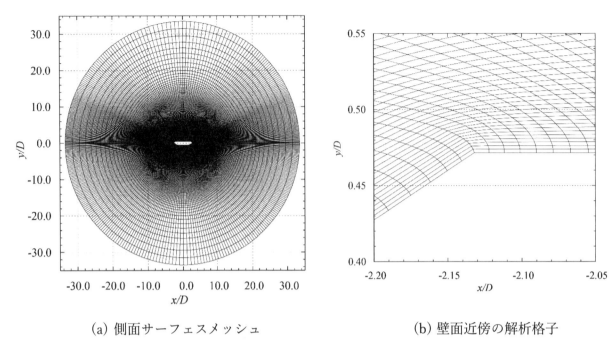

(a) 側面サーフェスメッシュ　　　　　　　　　(b) 壁面近傍の解析格子

図 A.2-3　扁平六角断面の解析格子[1]

表 A.2-2　扁平六角断面の解析格子

格子タイプ	O 型格子
物理量	コロケート配置
解析領域	$63D \times 63D \times (1D\sim20D)$
スパン方向格子幅	$D/20$
壁面の第一セルの高さ	$D/250$
格子点数	$421 \times 264 \times (21\sim401)$

4)　解析条件

　　伊藤と Graham[1]の解析条件を表 A.2-3 に示す．流入境界条件は$u = 1.0, v = 0.0, w = 0.0$の一様流とし，圧力は Neumann 型境界条件とした．流出境界条件には，風速，圧力ともに対流流出条件 [13]を用いている．壁面境界における速度は no-slip 条件とし，圧力は速度勾配項を省略して勾配 0 の Neumann 型条件[14]を用いている．また，スパン方向の境界条件は周期境界条件である．無次元時間刻みは2.0×10^{-3}であり，初期条件から 100 無次元時間経過後から 900 無次元時間のデータを用いて静的空気力係数を算出している．

表 A.2-3　扁平六角断面の静的空気力係数の解析条件

レイノルズ数(UD/ν)	20,000
流入境界	$u = 1.0$ $v = 0.0$ $w = 0.0$ $\dfrac{\partial p}{\partial \eta} = 0$
流出境界	対流流出条件
壁面境界	速度：no-slip 条件 圧力：$\dfrac{\partial p}{\partial \eta} = 0$
スパン方向境界	周期境界条件
時間刻み($U\Delta t/D$)	2.0×10^{-3}
評価時間(UT/D)	900

(5)　数値流体解析結果

　　伊藤と Graham[1]の数値流体解析による静的空気力係数の評価結果を Šarkić et al.の風洞実験結果と合わせて図 A.2-4 に示す．+8 度および+10 度を除き，数値流体解析結果は風洞実験結果と概ね一致することが確認された．+8 度および+10 度の差異については，Šarkić et al.の風洞実験で用いられた気流と数値解析で用いられた気流の乱れ強度の差異に起因するものとされている．数値解析の流入気流は乱れの無い一様流であるのに対し，Šarkić et al.の風洞実験で用いられた気流は 3%の乱れ強度を有することから，乱れの連行作用[15, 16]によって剥離剪断層が壁面に近づき，+8 度および+10 度において実験結果と解析結果に比較的大きな差異が生じたものと考察されている．なお，静的空気力係数の解析結果は+12 度以上および−14 度以下の迎角で勾配が急変する様子が確認できる．伊藤と Graham は時間平均流れ場の圧力分布および風速の絶対値の分布を可視化し，上流端で生じた剥離剪断層の再付着の有無が断面まわりの圧力分布や空気力に大きな影響を与えることを明らかにした．迎角+10 度および−12 度は上流端で生じた剥離剪断層が再付着する臨界迎角であり，その前後において静的空気力係数の勾配が急変することを指摘した[1]．

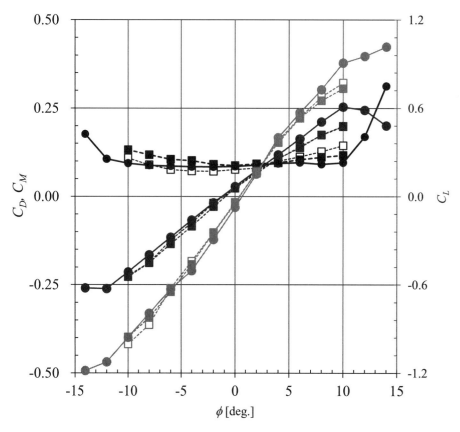

□：抗力係数（風洞実験，圧力）　　　　　■：抗力係数（風洞実験，三分力）
□：揚力係数（風洞実験，圧力）　　　　　■：揚力係数（風洞実験，三分力）
□：モーメント係数（風洞実験，圧力）　　■：モーメント係数（風洞実験，三分力）
●：抗力係数（解析），●：揚力係数（解析），●：モーメント係数（解析）

図 A.2-4　Šarkić et al.の風洞実験による静的空気力係数と解析結果の比較[1, 2]

(6)　静的空気力係数に対するスパン方向解析領域の影響

　伊藤と Graham[1]はスパン方向解析領域を1Dから20Dまで変化させた解析を実施し，スパン方向解析領域が静的空気力係数の評価結果に与える影響について検討を行っている．ここでは，式(A.2.1)～(A.2.3)に示す平均空気力係数のほかに次式で定義される変動空気力係数についても評価を行っている．

$$\widehat{C_F} = \int_0^{L_z} R.M.S.\frac{\{f(t)\}dz}{\left(\frac{1}{2}\rho U^2 B^n L_z\right)} \tag{A.2.4}$$

　ただし，$R.M.S.\{f\}$はfの標準偏差であり，L_z はスパン方向の解析領域，$f(t)$は空気力である．nは整数で，変動抗力係数および変動揚力係数では$n = 1$，変動モーメント係数では$n = 2$である．
　伊藤と Graham の評価結果を図 A.2-5 に示す．平均空気力係数については，$L_z/D = 5.0$まで揚力係数がやや過大評価されているものの，スパン方向解析領域の影響は比較的小さい．一方，式(A.2.4)の定義に基づく変動空気力係数は，スパン方向解析領域によって大きく異なり，特に変動揚力係数

に大きな差異が生じることを明らかにしている．それぞれの変動空気力係数は，スパン方向解析領域が大きくなるとともに一定の値に漸近している．石原ら[17]は，この収束曲線が指数関数で近似できることを示している．伊藤と Graham は，計算負荷はスパン方向の解析領域に比例することから，必要な精度と計算負荷を考慮して解析領域のサイズを決定することを提案している．

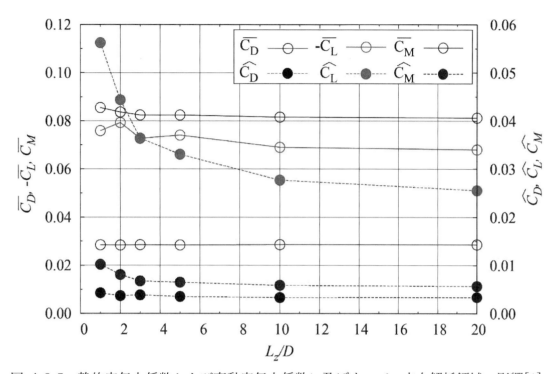

図 A.2-5　静的空気力係数および変動空気力係数に及ぼすスパン方向解析領域の影響[1]

A.2.3 非定常空気力係数

(1)　評価項目

一様流中において鉛直曲げおよびねじれの各一自由度で調和振動する橋桁に作用する変動空気力から，次式で定義される非定常空気力係数$H_1^* \sim H_4^*, A_1^* \sim A_4^*$の評価を行う．

$$Lift(K) = \frac{1}{2}\rho U^2 B \left[KH_1^* \frac{\dot{h}}{U} + KH_2^* \frac{B\dot{\alpha}}{U} + K^2 H_3^* \alpha + K^2 H_4^* \frac{h}{B} \right] \tag{A.2.5}$$

$$Moment(K) = \frac{1}{2}\rho U^2 B^2 \left[KA_1^* \frac{\dot{h}}{U} + KA_2^* \frac{B\dot{\alpha}}{U} + K^2 A_3^* \alpha + K^2 A_4^* \frac{h}{B} \right] \tag{A.2.6}$$

ただし，$Lift(K)$：単位長さあたり非定常揚力，$Moment(K)$：単位長さあたり非定常ピッチングモーメント，ρ：空気密度，B：幅員，ω：円振動数，U：平均風速，h：鉛直曲げ変位，α：ねじれ角，K：換算振動数$(= B\omega/U)$である．なお，変位と空気力の向きは図 A.2-6 に示すとおりに定義する．

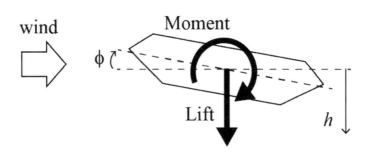

図 A.2-6　非定常空気力係数の評価における変位と空気力の向きの定義

(2)　風洞実験の概要

　数値流体解析結果の妥当性評価のため，ここでは Šarkić et al.[2]の研究成果を参照する．Šarkić et al.は，乱れ強度 3~4 ％の一様流中において，圧力測定試験および三分力測定試験によって非定常空気力係数の評価を行った．圧力測定試験では，模型表面に設置された 40 点の圧力孔に作用する圧力を測定し，測定した圧力の積分により空気力を評価した．三分力測定試験では，風洞外部に設置された歪みゲージ式三分力計によって模型を支持し，模型に作用する空気力を直接計測した．

　実験模型の幅Bは 366 mm，高さDは 66.6 mm，スパン方向長さLは 1,800 mm，迎角 0 度におけるブロッケージ率は 3.75%である．対象としたレイノルズ数は6.0×10^4~3.5×10^5である．加振振幅は鉛直曲げ方向が 4.0 mm，ねじれ方向が 1.0 度であり，加振振動数は 1.0〜6.6 Hz である．

(3)　風洞実験結果

　Šarkić et al.[2]の風洞実験結果を図 A.2-7 に示す．佐藤ら[18]は箱桁断面の非定常空気力係数が平板空気力に類似した傾向となることを示しており，実験結果との比較のため図 A.2-7 には Theodorsen 関数に基づく平板剛翼の非定常空気力係数を合わせて示した．

　ねじれ加振に伴う非定常空気力係数である$H_2^*, H_3^*, A_2^*, A_3^*$は平板剛翼の非定常空気力係数と同様の傾向を示しているが，鉛直曲げ加振に伴う非定常空気力係数であるH_1^*, A_1^*については，高風速域において一定値に漸近するなど平板剛翼の非定常空気力係数とは異なる傾向を示している．伊藤と Graham はこの傾向が佐藤らの研究やねじれ加振に伴う非定常空気力係数の傾向と一致しない点を指摘した．そこで，伊藤と Graham[1]は Matsumoto[19]による非定常空気力の従属性を用いて，$H_2^*, H_3^*, A_2^*, A_3^*$から$H_1^*, H_4^*, A_1^*, A_4^*$を算出し，解析結果との比較を行っている．ここでも，Matsumoto の従属性を用いて算出した図 A.2-8 に示す非定常空気力係数を用いることとする．

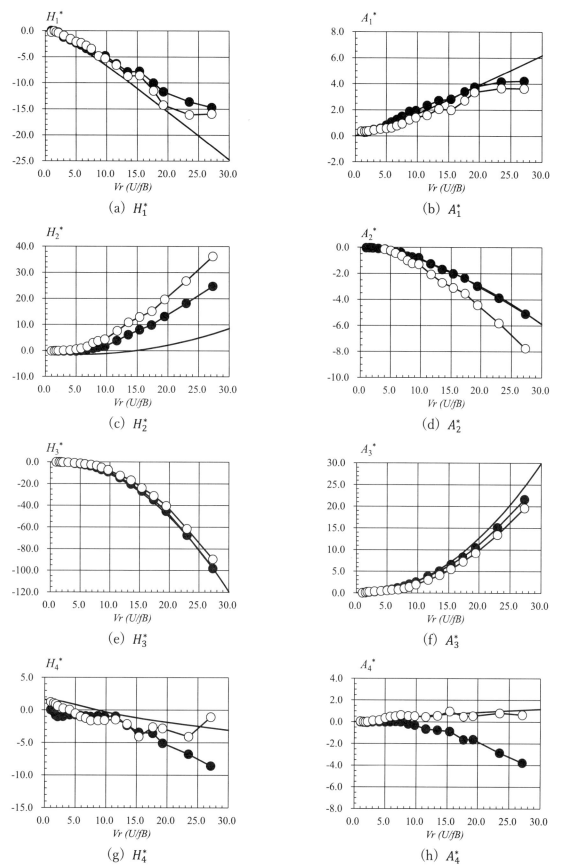

(a) H_1^*

(b) A_1^*

(c) H_2^*

(d) A_2^*

(e) H_3^*

(f) A_3^*

(g) H_4^*

(h) A_4^*

●：三分力測定による非定常空気力係数　○：風圧測定による非定常空気力係数　－：Theodorsen

図 A.2-7　扁平六角断面の非定常空気力係数（Šarkić et al.の風洞実験結果）[1, 2]

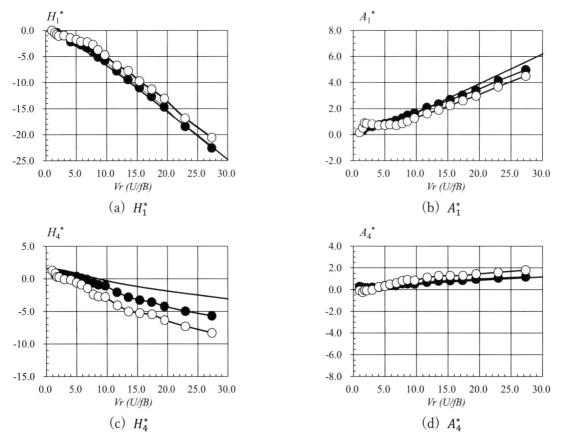

●：三分力測定による非定常空気力係数　○：風圧測定による非定常空気力係数　－：Theodorsen

図 A.2-8　扁平六角断面の非定常空気力係数

（Matsumoto の非定常空気力間の従属性を用いてねじれ系の非定常空気力係数より算出）[1, 2]

(4)　数値流体解析の概要

1)　概要

　解析対象は，風洞実験と同じく Šarkić et al.の研究[2]で用いられた桁幅Bと桁高Dの比率B/Dが5.5 の扁平六角断面である．ただし，スパン方向の解析領域は，桁高Dを基準として1Dとした．代表長さを桁高Dとした場合のレイノルズ数は 20,000 で固定し，加振周波数を変更することで無次元風速を変化させた．風洞実験と比較するとレイノルズ数が小さい可能性があるが，「風洞実験相似則に関する調査研究」[4]で提案されているレイノルズ数の下限値である 10,000 は上回るレイノルズ数である．

2)　解析手法

　解析手法は，静的空気力係数の評価に用いた解析手法と同一である．

3)　解析領域および解析格子

　　解析領域と解析格子は，静的空気力係数の評価に用いたものと同一である．ただし，スパン方向の解析領域は$1D$に固定している．

　　加振時において，壁面および流入出境界の格子の直交性を維持すること，壁面第一格子点のサイズを不変とすること，および計算負荷を低減することを目的として，伊藤と Graham は解析領域を図 A.2-9 に示す 3 つの領域に分類している．Domain1 では，格子を桁壁面に固定し，桁の移動に合わせて領域を移動させている．Domain2 では，桁の移動に合わせて格子を移動変形させ，桁の移動を再現している．Domain3 では，空間に対して格子を固定し，桁の移動に関わらず一定の格子としている．

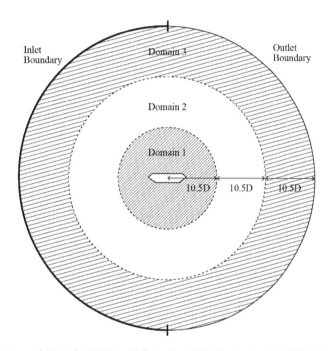

図 A.2-9　扁平六角断面を対象とする解析における解析領域の分割[1]

4)　解析条件

　　伊藤と Graham[1]の解析条件を表 A.2-4 に示す．流入境界条件は$u = 1.0, v = 0.0, w = 0.0$の一様流とし，圧力は Neumann 型境界条件とした．流出境界条件には，風速，圧力ともに対流流出条件[13]を用いている．壁面境界における速度は no-slip 条件とし，圧力は速度勾配項を省略して[14]勾配 0 の Neumann 型条件を用いている．また，スパン方向の境界条件は周期境界条件である．無次元時間刻みは加振周波数に応じて8.0×10^{-4}~2.0×10^{-3}であり，変位の 15 周期に相当する無次元時間を評価時間としている．ねじれ振動の加振振幅は 2 度としている．鉛直曲げ振動の加振振幅は無次元風速に応じて変更しており，相対迎角が 2 度となるよう設定している．

表 A.2-4　扁平六角断面を対象とした非定常空気力係数の計算条件

レイノルズ数(UD/ν)	20,000
流入境界	$u = 1.0$ $v = 0.0$ $w = 0.0$ $\dfrac{\partial p}{\partial \eta} = 0$
流出境界	対流流出条件
壁面境界	速度：no-slip 条件 圧力：$\dfrac{\partial p}{\partial \eta} = 0$
スパン方向境界	周期境界条件
時間刻み($U\Delta t/D$)	$8.0 \times 10^{-4} \sim 2.0 \times 10^{-3}$
評価時間(UT/D)	15 周期分

5)　数値流体解析結果

　伊藤と Graham[1]による非定常空気力の算出結果を，Šarkić et al.の風洞実験結果と合わせて図 A.2-10 および図 A.2-11 に示す．ただし，上述のとおり鉛直曲げ振動に伴う非定常空気力係数の実験値については，Matsumoto の非定常空気力係数間の従属性を用いて算出した値を示している．

　伊藤と Graham の解析結果はいずれの係数も実験値（従属性を用いた換算値を含む）によく一致している．変位と空気力の位相差の僅かな誤差の影響を受けやすいH_4^*, A_4^*についてもよく一致しており，扁平六角断面を対象とする場合，数値解析により風洞実験と同等の精度で非定常空気力係数の評価が可能であることが示されている．伊藤と Graham の研究ではスパン方向解析領域として$1D$および$20D$を用いた解析を実施し，空気力の時刻歴の比較から，加振周波数成分については空気力に大きな差異が生じないことを確認している．これより，スパン方向解析領域の大きさが箱桁断面の非定常空気力係数に与える影響は小さく，スパン方向解析領域を小さく設定することにより計算負荷を低減できることが示されている．ただし，静止状態における渦放出周波数と加振周波数が近接する場合には注意が必要である．

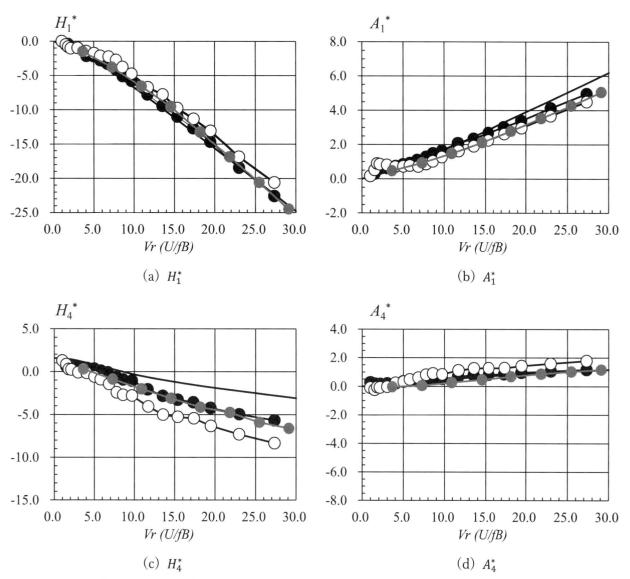

(a) H_1^*

(b) A_1^*

(c) H_4^*

(d) A_4^*

●：解析結果（伊藤と Graham）　●：実験結果（三分力測定）　○：実験結果（風圧測定）　－：Theodorsen

図 A.2-10　たわみ振動に伴う扁平六角断面の非定常空気力係数の実験結果と解析結果の比較[1, 2]

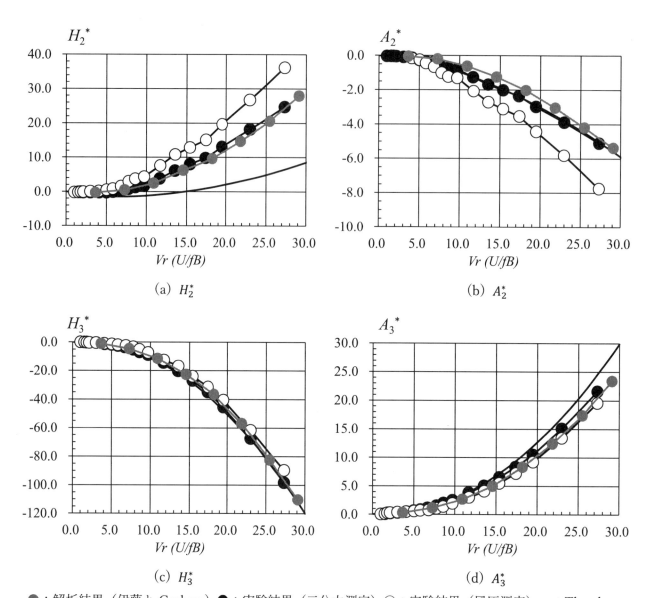

(a) H_2^*　　　　　　　　　(b) A_2^*

(c) H_3^*　　　　　　　　　(d) A_3^*

●：解析結果（伊藤と Graham）　●：実験結果（三分力測定）　○：実験結果（風圧測定）　－：Theodorsen

図 A.2-11　ねじれ振動に伴う扁平六角断面の非定常空気力係数の実験結果と解析結果の比較[1, 2]

参考文献

[1]　伊藤 靖晃，J. M. R. Graham，"LESによる箱桁橋梁断面の空気力評価とスパン方向解析領域の影響の検討"，土木学会論文集A1（構造・地震工学），vol. 73, no. 1, pp. 218–231, 2017, doi: 10.2208/jscejseee.73.218.

[2]　A. Šarkić, R. F. R. Höffer, and K. U. Bletzinger, "Bridge flutter derivatives based on computed, validated pressure fields", *Journal of Wind Engineering and Industrial Aerodynamics*, vol. 104–106, pp. 141–151, May 2012, doi: 10.1016/j.jweia.2012.02.033.

[3]　A. Šarkić, R. Höffer, and S. Brčić, "Numerical simulations and experimental validations of force coefficients and flutter derivatives of a bridge deck", *Journal of Wind Engineering and*

Industrial Aerodynamics, vol. 144, pp. 172–182, Sep. 2015,
doi: 10.1016/j.jweia.2015.04.017.

[4]　構造工学委員会 風洞実験相似則検討小委員会, "風洞実験相似則に関する調査研究", 土木学会論文集, vol. 1994, no. 489, pp. 17–25, 1994, doi: 10.2208/jscej.1994.489_17.

[5]　森西 洋平, "非圧縮性流体解析における差分スキームの保存特性 : 第1報, 解析的要求事項, 離散オペレータの定義, レギュラ格子系の差分スキーム", 日本機械学会論文集 B編, vol. 62, no. 604, pp. 4090–4097, 1996, doi: 10.1299/kikaib.62.4090.

[6]　森西 洋平, "非圧縮性流体解析における差分スキームの保存特性 : 第2報, スタガードおよびコロケート格子系の差分スキーム", 日本機械学会論文集 B編, vol. 62, no. 604, pp. 4098–4105, 1996, doi: 10.1299/kikaib.62.4098.

[7]　B. P. Leonard, "A stable and accurate convective modelling procedure based on quadratic upstream interpolation", *Computer Methods in Applied Mechanics and Engineering*, vol. 19, no. 1, pp. 59–98, Jun. 1979, doi: 10.1016/0045-7825(79)90034-3.

[8]　小野 佳之, 田村 哲郎, "振動円柱まわりの渦挙動と空気力特性の関連性 : LESによる物理機構の検討," 日本建築学会構造系論文集, no. 534, pp. 17–24, 2000.

[9]　J. Kim and P. Moin, "Application of a fractional-step method to incompressible Navier-Stokes equations", *Journal of Computational Physics*, vol. 59, no. 2, pp. 308–323, 1985, doi: 10.1016/0021-9991(85)90148-2.

[10]　J. Smagorinsky, "General circulation experiments wiht the primitive equations I. The basic experiment", *Monthly Weather Review*, vol. 91, pp. 99–164, 1963, doi: 10.1126/science.27.693.594.

[11]　伊藤 靖晃, 野澤 剛二郎, 菊池 浩利, "乱れの小さい気流中における傾斜角10度の地上設置型太陽電池アレイの空力特性", 構造工学論文集 A, vol. 58A, pp. 567–574, 2012, doi: 10.11532/structcivil.58A.567.

[12]　E. R. van Driest, "On Turbulent Flow Near a Wall", *Journal of the Aeronautical Sciences*, vol. 23, no. 11, pp. 1007–1011, Nov. 1956, doi: 10.2514/8.3713.

[13]　宮内 敏雄, 店橋 護, 鈴木 基啓, "DNSのための流入・流出境界条件", 日本機械学会論文集. B編, vol. 60, no. 571, pp. 813–821, Mar. 1994.

[14]　田村 哲郎, 伊藤 嘉晃, "振動する角柱まわりの流れと風圧力に関する3次元解析の予測精度," 日本建築学会構造系論文集, no. 492, pp. 29–36, 1997.

[15]　松本 勝, 白石 成人, 白土 博通, 孫 亜偉, 小林 茂雄, 真下 義章, 湯川 雅之, "充腹構造断面の空力特性に及ぼす乱流効果," 京都大学防災研究所年報, vol. 30, no. B-1, pp. 247–258, Apr. 1987.

[16]　田村 哲郎, "角柱まわりの流れと空力特性 : 乱れの影響について(<特集>基礎的な流れ)," ながれ : 日本流体力学会誌, vol. 22, no. 1, pp. 7–13, Feb. 2003.

[17]　石原 孟, 岡 新一, 藤野 陽三, "一様流中に置かれた正方形角柱の空気力特性の数値予測に関する研究", 土木学会論文集A, vol. 62, no. 1, pp. 78–90, 2006, doi: 10.2208/jsceja.62.78.

[18]　佐藤 弘史, 萩原 勝也, 横山 功一, 松藤 様照, 嶋本 英治, 星加 益朗, "開口部を有する偏平箱桁

の非定常空気力特性に関する考察", 構造工学論文集, vol. 44, pp. 937–942, 1998.

[19]　M. Matsumoto, "Aerodynamic damping of prisms", *Journal of Wind Engineering and Industrial Aerodynamics*, vol. 59, pp. 159–175, 1996, doi: 10.1016/0167-6105(96)00005-0.

A.3　円柱の静的空気力および渦励振応答評価

本章では，基本断面の一つである円柱を対象とした計算事例として，Ishihara and Li[1]による円柱の静的空気力および渦励振応答の評価結果を示す．

A.3.1 解析条件

支配方程式は有限体積法に基づいて離散化され，対流項と粘性項は2次精度中心差分，非定常項は2次精度陰解法が適用された．離散化方程式の解法にはSIMPLE法が用いられた．LESのサブグリッドスケールの渦粘性評価にはWALEモデルが採用された．

解析領域は図 A.3-1 に示すとおりである．表 A.3-1 に示す3パターンのメッシュで静的空気力を評価した結果，メッシュ 2 と 3 の空気力の変化が 3%未満に収まったことから，メッシュ 2（5,931,000 セル）が採用された．円柱まわりのメッシュパターンは図 A.3-2 に示すとおりであり，六面体セルでメッシュ分割されている．円周方向には240分割されており，円柱表面上の最小セルの厚さはおおよそ$D/500$である（Dは円柱の直径）．境界条件は次のように設定されている．流入境界では一様流を与え，流出境界では拡散ゼロの条件，上下および左右の境界は対称条件が適用されている．振動する円柱周辺のメッシュと，その外側の領域の境目にはスライディング境界条件が適用された．

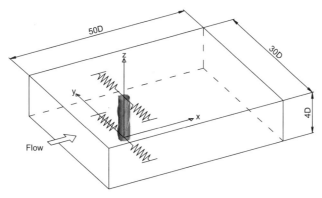

図 A.3-1　解析領域[1]

表 A.3-1　解析メッシュと空気力[1]

	Mesh quantity	$C_{D\,\text{mean}}$	$C_{L\,\text{rms}}$	S_t
Mesh 1	3,251,400	1.3046	0.5407	0.1857
Mesh 2	5,931,000	1.2504 (4.2%)	0.5128 (5.2%)	0.1946 (4.8%)
Mesh 3	8,012,640	1.2354 (1.2%)	0.5026 (2.0%)	0.1955 (0.5%)

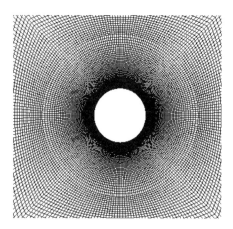

図 A.3-2　円柱まわりのメッシュ分割パターン

A.3.2 スパン方向サイズと境界条件

　　スパン方向の解析条件が解析結果に大きく影響を及ぼすため，スパン方向サイズとスパン方向の境界条件が検討された．

　　スパン方向サイズを1Dと4Dとして，円柱の表面圧力が比較された．その結果を図 A.3-3 に示す．スパン方向サイズ1Dの場合，剥離点よりも後流側の圧力係数が過小評価された．一方，4Dの場合は実験結果と良く一致した．この結果から，スパン方向サイズは4Dと決定された．

　　続いて，スパン方向の境界条件に周期境界条件と対称条件を用いた場合の比較が行われた．図 A.3-4 は，揚力の相関係数を比較した結果である．周期境界条件を用いた場合，全体的に相関係数が高く，実験結果とも差異が見られた．一方で，対称条件を用いた場合は，実験結果と良く一致した．この結果から，スパン方向の境界条件は対称条件と決定された．

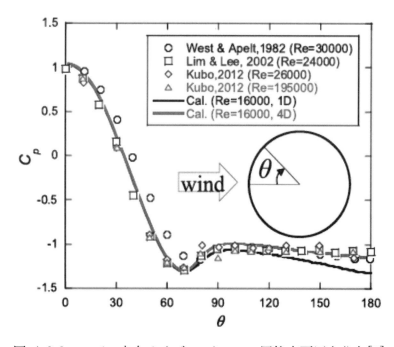

図 A.3-3　スパン方向サイズ1D と4D の円柱表面圧力分布[1]

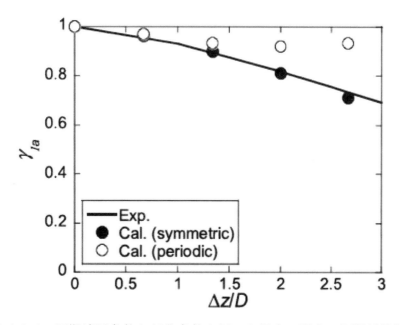

図 A.3-4　周期境界条件と対称条件を用いた場合の揚力の相関係数[1]

A.3.3 ヘリカルワイヤ付き円柱の解析

Ishihara and Li[1]は，同様の解析手法でヘリカルワイヤ付き円柱の解析を行った．ヘリカルワイヤの直径0.1Dとし，4本のワイヤが取り付けられている．図 A.3-5 に示すように，メッシュパターンはヘリカルワイヤの無い円柱の分割パターンを基本とし，ヘリカルワイヤ周辺に限り，くさび形セルでメッシュ分割された．メッシュ分割数は 5,931,000 セルである．境界条件はヘリカルワイヤの無い円柱と同一である．

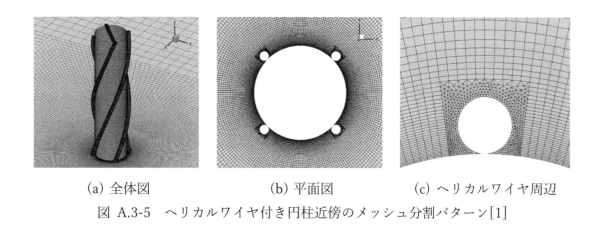

（a）全体図　　　　　　　　（b）平面図　　　　　　　（c）ヘリカルワイヤ周辺

図 A.3-5　ヘリカルワイヤ付き円柱近傍のメッシュ分割パターン[1]

A.3.4 渦励振応答の評価

図 A.3-6 はヘリカルワイヤの有無と渦励振応答を比較した結果である．ヘリカルワイヤが無い場合（図中の●），無次元風速$U_r = 5 \sim 6$の範囲で渦励振の発現が認められた．一方で，ヘリカルワイヤを付加した場合（図中の■），無次元風速$U_r = 6$を越えたところで若干振幅が増加したもの

の，ヘリカルワイヤ無しの場合に比べて明確な渦励振の発現は認められなかった．

　図 A.3-7 は無次元風速と渦放出周波数の関係をまとめた結果である．ヘリカルワイヤ無しの場合，無次元風速$U_r = 5 \sim 6$の範囲でロックイン現象が確認された．一方で，ヘリカルワイヤを付加した場合，$S_t = 0.2$を維持したまま，風速の増加に応じて単調増加した．無次元風速$U_r = 6.2$で円柱の固有振動数と渦放出周波数が一致しており，図 A.3-6 に示した渦励振の応答振幅が増加した結果と整合している．Ishihara らは以上の差異を，ヘリカルワイヤにより放出される渦に軸方向の位相差が生じたことを流れの可視化から明らかにしている．

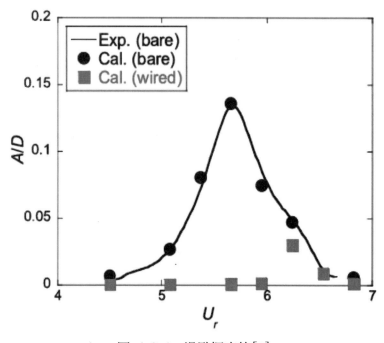

図 A.3-6　渦励振応答[1]

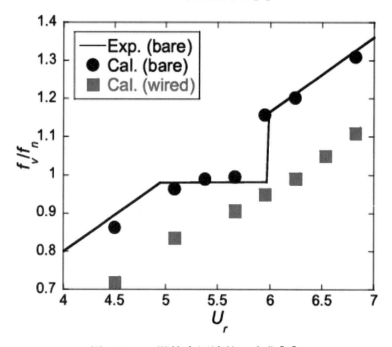

図 A.3-7　渦放出周波数の変化[1]

106

参考文献

[1]　　T. Ishihara and T. Li, "Numerical study on suppression of vortex-induced vibration of circular cylinder by helical wires," *Journal of Wind Engineering and Industrial Aerodynamics*, vol. 197, p. 104081, Feb. 2020, doi: 10.1016/J.JWEIA.2019.104081.

A.4　矩形断面（断面辺長比 *B/D*＝4.0）およびフラップ付き箱桁断面の渦励振応答

　　Sarwar and Ishihara[1]は，矩形断面（断面辺長比B/D = 4.0）およびフラップ付き箱桁の渦励振応答の評価を LES により実施した．支配方程式の離散化は，有限体積法を用いて行われ，対流項の計算には中心差分，非定常項の計算には二次精度陰解法が用いられた．二次精度陰解法を用いることで，Smagorinsky 定数Csは標準的な値より小さい値（Cs = 0.032）を採用している．また，スライディングメッシュを用いて，強制振動条件下での非定常揚力および，自由振動（流体－構造弱連成解析）条件下での鉛直 1 自由度応答振幅が計算された．解析条件を表 A.4-1 に示す．レイノルズ数が変化しないようにするために，風速は一定として，振動数によって無次元風速を変化させて解析が行われた．

　　箱桁断面の断面辺長比はB/D = 3.81で，計算領域（$100D \times 60D$）および格子は図 A.4-1 の通りである．箱桁断面を対象にした解析では，高欄や空力対策のために設置された付加物（フェアリング，ダブルフラップ）などの周辺ではサブドメインを設けて詳細に格子分割（四面体格子）が行われた．断面壁面では対数則が用いられ，断面の両端の流れと平行な面の境界には対称境界条件が設定された．

表 A.4-1　解析条件

	矩形断面	箱桁断面
幅員［m］（B）	0.04	0.0381
桁高［m］（D）	0.01	0.01
スパン方向長さ［m］（L）	0.015	0.01
断面辺長比（B/D）	4.0	3.81
レイノルズ数	1.3×10^4	1.3×10^4
風速［m/s］	20	20
乱れ強さ	order of 0.001%	order of 0.001%
時間ステップ［s］（Δt）	2.0×10^{-5}	2.667×10^{-5}

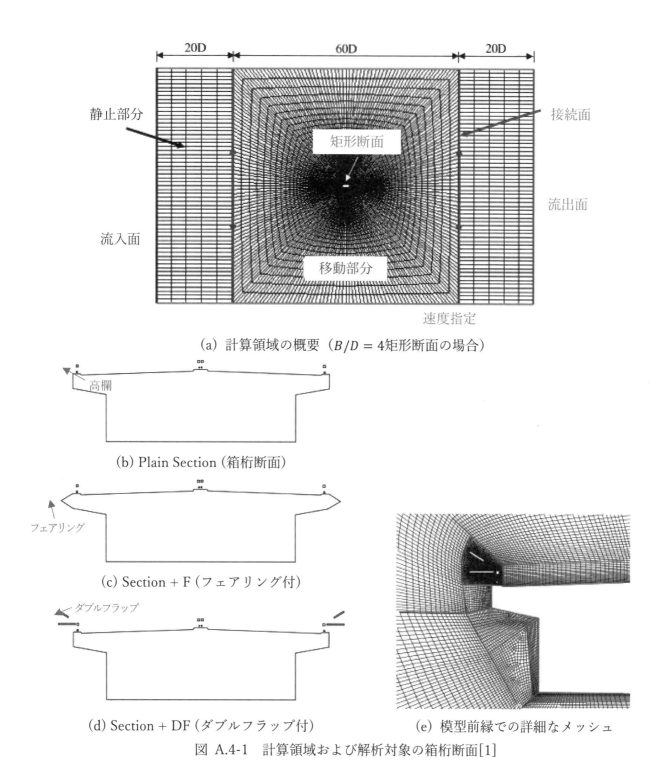

（a）計算領域の概要（$B/D = 4$ 矩形断面の場合）

（b）Plain Section（箱桁断面）

（c）Section + F（フェアリング付）

（d）Section + DF（ダブルフラップ付）

（e）模型前縁での詳細なメッシュ

図 A.4-1　計算領域および解析対象の箱桁断面[1]

　渦励振の発現風速を調べるために，自由振動条件下の解析の前に，強制振動条件下での解析が行われた．加振振幅 A_0 は一定（$A_0 = 0.02D$）として，振動数を変化させて非定常揚力が計算された．対象とする箱桁断面と近い断面辺長比を持つ矩形断面（$B/D = 4.0$）を用いて，強制振動により得られた非定常揚力の虚部（鉛直方向の空力減衰を表す項）と非定常揚力と変位の位相差を既往の実験結果[2,3]と比較して図 A.4-2 に示す．無次元風速 7〜9 付近において，変位と非定常揚力の位相差が急激に変化して，非定常揚力の虚部が正となることで励振力が発生することが分かる．

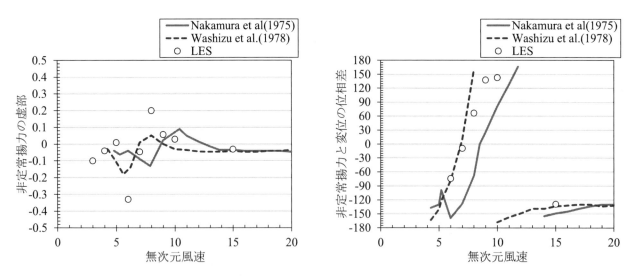

図 A.4-2　非定常揚力の虚部および非定常揚力と変位の位相差[1]
（強制振動，矩形断面，B/D =4.0）

　矩形断面（$B/D = 4.0$）を用いて，自由振動条件下（スクルートン数$Sc = 3.0$）における解析で得られた応答振幅を図 A.4-3 に示す．既往の実験結果や，$k-\varepsilon$ モデルによる数値解析結果[4]とも比較が行われて，LES の方が妥当な結果が得られることが確認された．

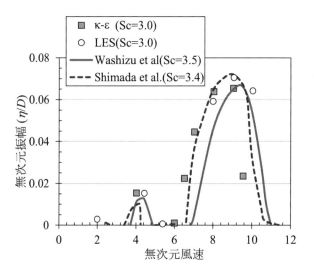

図 A.4-3　渦励振の応答振幅[1]（自由振動，矩形断面，B/D =4.0）

　高欄や空力対策用の付加物を設置した箱桁断面（$Sc = 6.0$）の最大応答振幅の解析結果を図 A.4-4 に示す．付加物がある場合を含めて，LES により最大応答振幅がよく再現できていることが確認された．また，強制加振法を用いて，加振振幅は一定（$A_0 = 0.05D$）の条件下で，最も励振力が大きい（負の空力減衰の絶対値が大きい）無次元風速を探すことで，渦励振の最大応答振幅が得られる条件を事前に推定し，少ない解析で最大応答振幅を評価する方法も提案された．

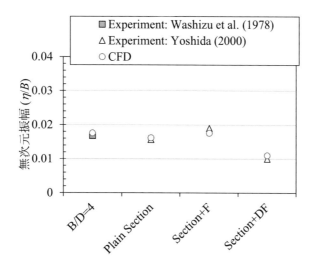

図 A.4-4　空力対策を設置した箱桁断面における最大応答振幅の比較[1]（自由振動）

参考文献

[1]　M. W. Sarwar and T. Ishihara, "Numerical study on suppression of vortex-induced vibrations of box girder bridge section by aerodynamic countermeasures," *Journal of Wind Engineering and Industrial Aerodynamics*, vol. 98, no. 12, pp. 701–711, 2010, doi: 10.1016/j.jweia.2010.06.001.

[2]　Y. Nakamura and T. Mizota, "Unsteady lifts and wakes of oscillating rectangular sections," *Journal of the Engineering Mechanics Division*, vol. 101, issue. 6, pp. 871-885, 1975, doi: 10.1061/JMCEA3.0002077.

[3]　K. Washizu, A. Ohya, Y. Otsuki, K. Fuji, "Aeroelastic instability of rectangular cylinders in a heaving mode," *Journal of Sound and Vibration*, vol. 59, no. 2, pp. 195-210, 1978, doi: 10.1016/0022-460X(78)90500-X.

[4]　嶋田　健司, "k-ε モデルによる矩形断面柱の空力特性評価と空力弾性挙動予測に関する研究," 京都大学, 2000.

A.5　高欄付き箱桁断面の静的空気力係数と非定常空気力係数（その 1）

A.5.1 解析条件

　Sarwar et al.[1]は，高欄・中央高欄・検査車レール等の付加物を有する箱桁橋梁断面および付加物なしの断面について，LES を用いて静的空気力係数および非定常空気力係数，およびフラッター特性を評価した．支配方程式は有限体積法に基づいて離散化され，対流項は二次精度中心差分，非定常項は二次精度陰解法が適用された．離散化方程式の解法には SIMPLEC 法が用いられた．LES のサブグリッドスケールの渦粘性評価には Smagorinsky モデルが採用された．

　対象橋梁断面は断面辺長比が約 11.6 の扁平六角断面で，解析領域は図 A.5-1 に示すとおりである．橋梁付加物近傍のメッシュパターンは図 A.5-2 に示すとおりであり，十分な数の格子を確保するために四面体セルでメッシュ分割されている．スパン方向領域長さは3D（Dは桁高）で，12 個のメッシュが一様に配置されている．境界条件は次のように設定されている．流入境界では一様流を与え，上下の境界は対称条件が適用されている．振動する橋梁断面周辺のメッシュと，その外側の領域の境目にはスライディング境界条件が適用された．

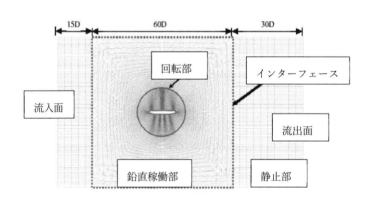

図 A.5-1　解析領域[1]

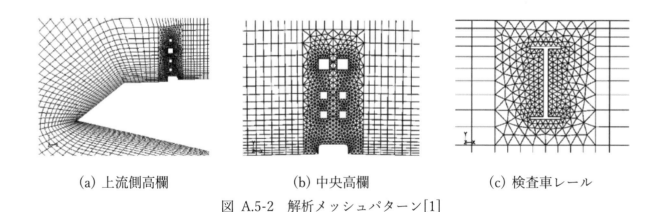

(a) 上流側高欄　　　　　(b) 中央高欄　　　　　(c) 検査車レール

図 A.5-2　解析メッシュパターン[1]

A.5.2 静的空気力特性

　図 A.5-3 には付加物を有する橋梁断面と付加物なしの橋梁断面の静的空気力係数を示しており，LES・RANS（二次元標準k–εモデル）・風洞実験から得られた結果の比較がなされている．特に抗力係数に対しては付加物の影響が顕著であり，付加物を設置することで迎角 0 度付近から＋10 度付近までの範囲における抗力係数は約 3 倍となっている．付加物の有無にかかわらず，RANS では抗力係数が実験結果に対して過大評価である一方，LES は良い一致を示している．また，LES の結果に基づき，抗力係数に対して，大迎角では橋梁断面自体の寄与が大きいが，迎角が小さい場合は付加物の寄与が半分以上を占めることを明らかにしている．揚力係数やモーメント係数に対する付加物の影響は抗力係数に比べて比較的小さいが，正の迎角においては有意な差が認められる．このような違いも LES によって概ね再現されており，さらには差を生じる原因について，LES から算出された時間平均流線に基づいて考察がなされている．

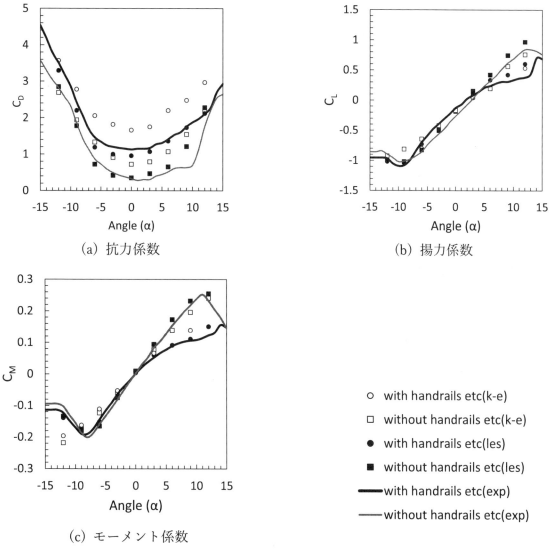

（a）抗力係数　　　　　　　　　　　　（b）揚力係数

（c）モーメント係数

図 A.5-3　LES・RANS（二次元標準k–εモデル）・風洞実験から得られた
橋梁断面の静的空気力係数と付加物の影響

A.5.3 非定常空気力係数

　図 A.5-4 には付加物なし橋梁断面について，非定常空気力係数の一例としてA_2^*およびH_3^*の実験値と LES の結果を示す．LES から算出された非定常空気力係数は，実験値をよく再現している．図中には断面辺長比 10 および 20 の矩形断面について，風洞実験から得られた非定常空気力係数が示されている．橋梁断面の結果は，フェアリングによる断面形状の流線型化によって剥離が抑えられることで，断面辺長比 10 よりもむしろ 20 の矩形断面の結果に近いことを指摘している．

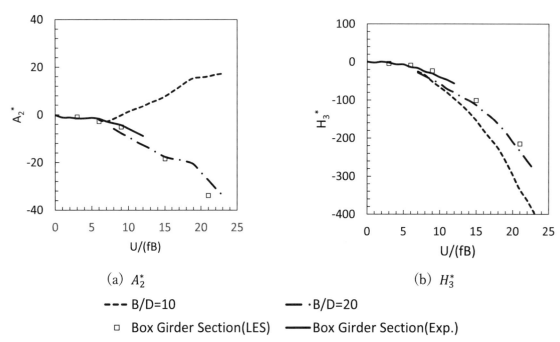

$$(a)\ A_2^*\qquad\qquad(b)\ H_3^*$$

- - - B/D=10　　　　　—·B/D=20
□ Box Girder Section(LES)　—Box Girder Section(Exp.)

図 A.5-4　付加物なし橋梁断面および断面辺長比 10・20 矩形断面の非定常空気力係数

　図 A.5-5 には LES で算出した付加物あり橋梁断面および付加物なし橋梁断面の非定常空気力係数の一例としてA_2^*およびH_2^*を，LES および実験から求めた矩形断面のものと併せて示している．橋梁断面の非定常空気力係数を付加物の有無で比較すると，A_2^*等のモーメント系に対してH_2^*等の揚力系の係数で差が比較的大きく，原因の一端として小迎角時の静的空気力係数の差を挙げている．また，付加物付き橋梁断面と矩形断面との比較では，やはり断面辺長比 20 の矩形断面とよく似た結果となっており，剥離流れに対するフェアリングの影響が大きいためと考察している．

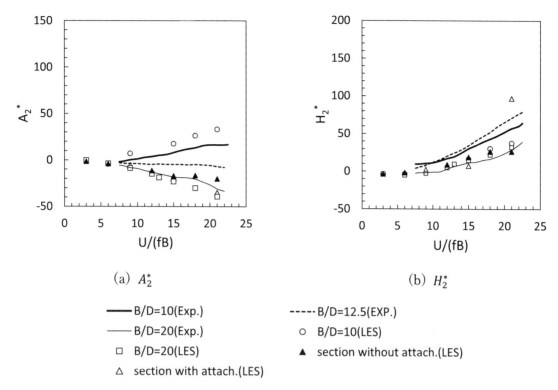

(a) A_2^* (b) H_2^*

――― B/D=10(Exp.)　　　----- B/D=12.5(EXP.)
――― B/D=20(Exp.)　　　○　B/D=10(LES)
□　B/D=20(LES)　　　▲　section without attach.(LES)
△　section with attach.(LES)

図 A.5-5　付加物あり橋梁断面，付加物なし橋梁断面，
および断面辺長比 10・12.5・20 矩形断面の非定常空気力係数

　最後に本論文では，LES で得られた非定常空気力係数を利用して，付加物あり橋梁断面および付加物なし橋梁断面を対象にフラッター解析を実施し，断面辺長比 20 矩形断面の風洞実験に基づくフラッター解析結果との比較を行っている．その結果を図 A.5-6 に示す．鉛直たわみ分岐の対数減衰率は常に正であるが，ねじれ分岐では高風速域で負に転じており，これは断面辺長比 20 矩形断面と同様である．付加物の有無に関わらずねじれ分岐における減衰比の差は小さく，たわみ分岐は高風速域において一定の差が確認されている．付加物の影響がほとんど見られなかった原因として，加振振幅が小さいため非定常空気力特性に寄与しなかったことや，付加物の設置位置が上流側剥離点の内側であることおよび付加物の密度が小さいこと等が影響した可能性を指摘している．

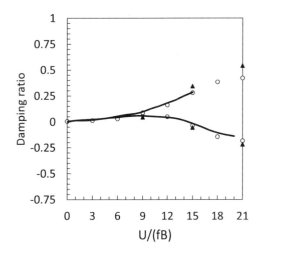

図 A.5-6　付加物ありまたはなし橋梁断面のフラッター解析結果

参考文献

[1]　M. W. Sarwar, T. Ishihara, K. Shimada, Y. Yamasaki, and T. Ikeda, "Prediction of aerodynamic characteristics of a box girder bridge section using the LES turbulence model," *Journal of Wind Engineering and Industrial Aerodynamics*, vol. 96, no. 10–11, pp. 1895–1911, Oct. 2008, doi: 10.1016/j.jweia.2008.02.015.

A.6　高欄付き箱桁断面の静的空気力係数と非定常空気力係数（その2）

A.6.1 解析条件

　　対象とするのは，高欄および中央分離帯が設置された箱桁断面である．断面辺長比は，高欄を含む高さを桁高として定義すると 6.8，高欄を除く高さで定義すると 10.6 となる．

A.6.2 静的空気力特性

(1)　評価項目

　　一様流中において対象断面に作用する空気力の時間平均から，次式によって静的空気力係数を算出する．

$$C_D = \frac{\overline{Drag(t)}}{\frac{1}{2}\rho U^2 DL} \tag{A.6.1}$$

$$C_L = \frac{\overline{Lift(t)}}{\frac{1}{2}\rho U^2 BL} \tag{A.6.2}$$

$$C_M = \frac{\overline{Moment(t)}}{\frac{1}{2}\rho U^2 B^2 L} \tag{A.6.3}$$

　　ここで，$\overline{Drag(t)}$，$\overline{Lift(t)}$，$\overline{Moment(t)}$はそれぞれ対象断面に作用する抗力，揚力，モーメントの時間平均値，C_D，C_L，C_Mはそれぞれ抗力係数，揚力係数，モーメント係数，ρは空気密度，Uは平均風速，Bは桁幅，Dは桁高，L はスパン方向長さである．なお，静的空気力係数は風軸に基づいて評価した．

　　対象迎角については，風洞実験は−15 度から+15 度まで 1 度毎，数値流体解析は 2 度または 5 度毎の評価を行った．

(2)　風洞実験の概要

　　横浜国立大学において，縮尺 60 分の 1 の部分模型に対して静的空気力測定実験を実施した．実験模型の幅Bは 433.4 mm（= 26.0 m / 60），高欄を除く桁高は 41.0 mm，高欄を含めると 63.7 mm であるが，本事例における空気力の無次元化に用いる桁高としてはD = 64.8 mm（= 3.889 m / 60）とした．桁高Dを代表長さとした場合のレイノルズ数Reは約 35,000 と約 70,000 である．図 A.6-1 に実験模型の断面図を示す．

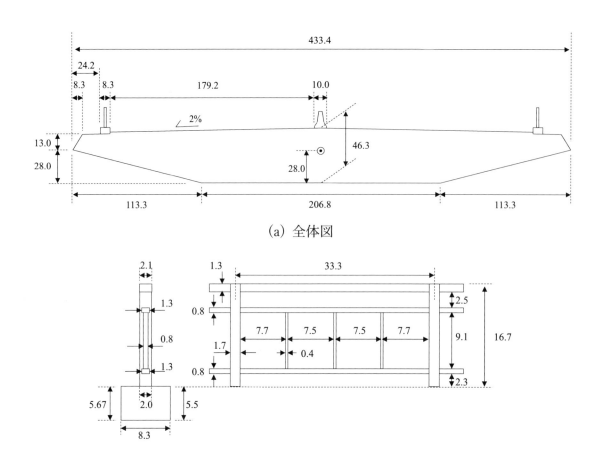

(a) 全体図

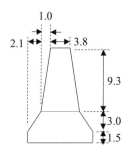

(b) 高欄部断面図と正面図

(c) 中央分離帯断面図

図 A.6-1　実験模型の断面図（単位：mm）

(3)　風洞実験の結果

　　風洞実験で評価された静的空気力係数を図 A.6-2 に示す．正の迎角が大きいときにレイノルズ数の影響が多少みられるが，全体的にはいずれの係数および迎角においても，レイノルズ数の影響は極めて小さいといえる．以降では，数値流体解析結果との比較に$Re = 35{,}000$の実験結果を利用することとする．

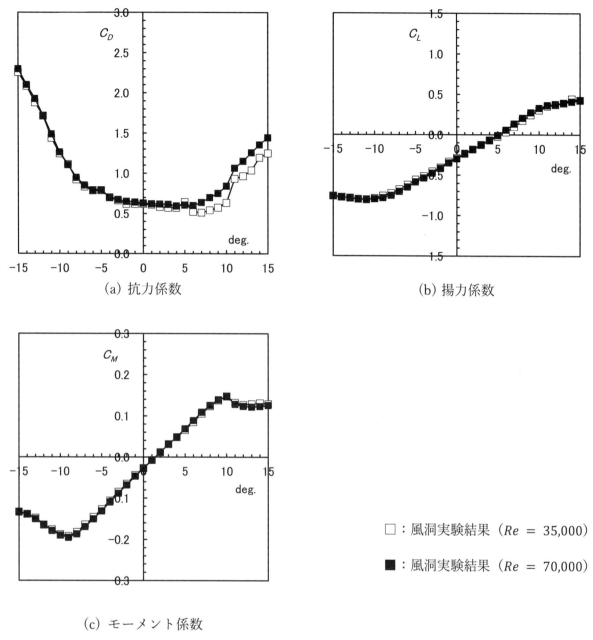

(a) 抗力係数

(b) 揚力係数

□：風洞実験結果（$Re = 35,000$）

■：風洞実験結果（$Re = 70,000$）

(c) モーメント係数

図 A.6-2 高欄および中央分離帯付き箱桁断面の静的空気力係数（風洞実験結果）

(4) 数値流体解析の概要

1) 概要

　解析対象は，風洞実験と同じ高欄付き箱桁断面である．乱流モデルの影響を評価するため，表 A.6-1 に示す LES と URANS の 2 つの条件での解析結果を示す．なお，各条件において，解析手法，解析領域および解析格子，解析条件はそれぞれ異なる．

表 A.6-1　高欄および中央分離帯付き箱桁断面の解析ケース

条件	乱流モデル
条件 1	LES（Smagorinsky-Lilly モデル（$Cs = 0.1$））
条件 2	URANS（$k - \omega$ SST モデル）

2)　解析手法

各条件における手法の概要について，表 A.6-2 にまとめる．

表 A.6-2　高欄および中央分離帯付き箱桁断面の解析に用いた解析手法

	条件 1	条件 2
計算コード	Ansys Fluent	自作コード[1]
計算法	非圧縮性解法	疑似圧縮性解法[2]
対流項	二次精度風上差分	五次精度風上差分[2, 3]
粘性項	二次精度中心差分	二次精度中心差分
時間積分法	二次精度陰解法	二次精度陰解法[2]

3)　解析領域および解析格子

条件 1 は LES 用の解析格子である．水平方向，鉛直方向，スパン方向の格子解像度は桁高D（ここでのDは空気力の無次元化に用いる 64.8 mm（＝ 3.889 m / 60））に対して$D/10$以下を基本とし，隅部周辺の格子解像度は$D/10$，高欄部周辺の格子解像度は$D/100$，断面周辺の格子解像度は$D/20$とした．解析領域は直方体で，スパン方向には高欄 6 スパン分（約$3D$）を設けている．条件 2 は 2 次元 RANS 用の解析格子であり，高欄の横部材のみを再現している．桁断面周りの O 型格子を基本として，そこに高欄部周りの別の O 型格子を重ね合わせた Chimera 格子である．なお，CFD においても，桁高Dとして各条件における解析領域および計算格子の概要を表 A.6-3 にまとめ，図 A.6-3 に示す．

表 A.6-3　高欄および中央分離帯付き箱桁断面の解析に用いた解析格子

	条件 1	条件 2
格子タイプ	非構造格子	O 型格子 Chimera grid[4]（重合格子）
解析領域	$30D \times 60D \times$ 約 $3D$	$334.5D \times 334.5D$（2 次元）（$50B \times 50B$）
壁面の第一セルの高さ	$3.09 \times 10^{-4}D$（$4.62 \times 10^{-5}B$）	$6.69 \times 10^{-4}D$（$1.0 \times 10^{-4}B$）
格子点数	67,961,184	360,320

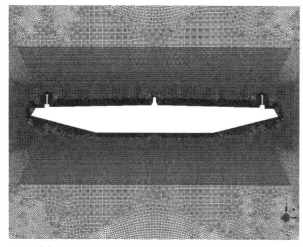

（a）条件 1 の側面サーフェスメッシュ　　　　　（b）条件 2 の側面サーフェスメッシュ

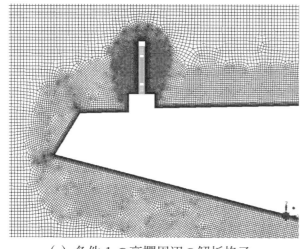

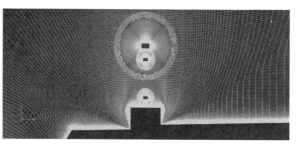

（c）条件 1 の高欄周辺の解析格子　　　　　　　（d）条件 2 の角部周辺の解析格子

図 A.6-3　高欄付き橋梁断面の解析格子

4)　解析条件

各ケースの解析条件を表 A.6-4 にまとめる.

表 A.6-4　高欄および中央分離帯付き箱桁断面の解析に用いた解析条件

	条件 1	条件 2
レイノルズ数（UD/ν）	35,000	67,000
流入境界	$U = \mathrm{const}$	$U = \mathrm{const}$ （characteristic 流入境界[2]） $k = \omega \nu_t$ $\omega = U/B$ $\nu_t = 10^{-3}\nu$
流出境界	自由流出境界条件	$p = 0$ （characteristic 流出境界[2]）
壁面境界	no-slip	no-slip $k = 0$ $\omega = 60\nu/(\beta_1 (\Delta y)^2)$ $\beta_1 = 0.0750$
スパン方向境界	対称境界	－
時間刻み（$U\Delta t/D$）	0.0123	0.0167（$U\Delta t/B = 2.5 \times 10^{-3}$）
評価時間（UT/D）	123	334.5–669（$50 \leq UT/B \leq 100$）

5)　数値流体解析結果

　2 つの条件の数値流体解析結果を図 A.6-4 に示す. いずれの係数でも迎角 0 度まわりでは，LES（条件 1）・URANS（条件 2）とも風洞実験結果に対して過小評価であるが，全体的には各係数とも風洞実験結果を概ね再現している. 特に抗力係数の小迎角では，URANS（条件 2）の結果は風洞実験結果や LES（条件 1）に比べて過小評価となっており，2 次元計算のため縦部材を省略した影響が現れている可能性が考えられる.

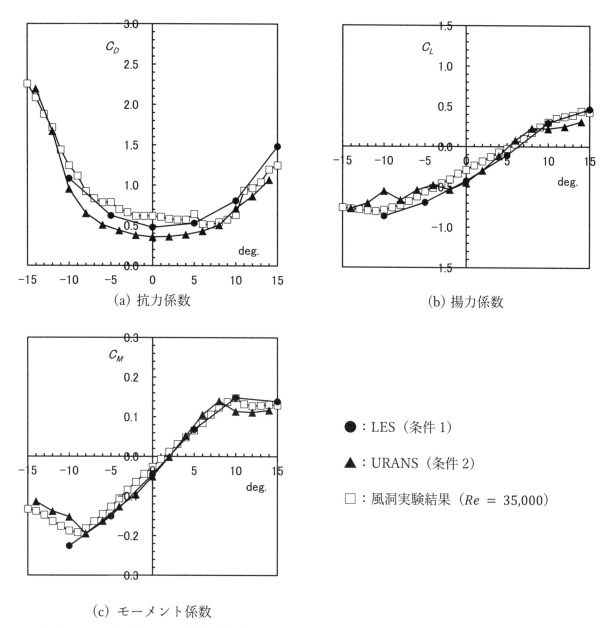

（a）抗力係数

（b）揚力係数

（c）モーメント係数

●：LES（条件1）

▲：URANS（条件2）

□：風洞実験結果（$Re = 35{,}000$）

図 A.6-4　高欄および中央分離帯付き箱桁断面の静的空気力係数（数値流体解析結果）

A.6.3 非定常空気力係数

(1)　評価項目

　一様流中において対象断面に作用する非定常空気力から，次式によって非定常空気力係数を算出する．

$$Lift(K) = \frac{1}{2}\rho U^2 B\left[KH_1^*\frac{\dot{h}}{U} + KH_2^*\frac{B\dot{\alpha}}{U} + K^2H_3^*\alpha + K^2H_4^*\frac{h}{B} + KH_5^*\frac{\dot{p}}{U} + K^2H_6^*\frac{p}{B}\right] \tag{A.6.4}$$

$$Moment(K) = \frac{1}{2}\rho U^2 B^2\left[KA_1^*\frac{\dot{h}}{U} + KA_2^*\frac{B\dot{\alpha}}{U} + K^2A_3^*\alpha + K^2A_4^*\frac{h}{B} + KA_5^*\frac{\dot{p}}{U} + K^2A_6^*\frac{p}{B}\right] \tag{A.6.5}$$

$$Drag(K) = \frac{1}{2}\rho U^2 B\left[KP_1^*\frac{\dot{p}}{U} + KP_2^*\frac{B\dot{\alpha}}{U} + K^2P_3^*\alpha + K^2P_4^*\frac{p}{B} + KP_5^*\frac{\dot{h}}{U} + K^2P_6^*\frac{h}{B}\right] \tag{A.6.6}$$

ここで，$Lift(K)$：単位長さあたり非定常揚力，$Moment(K)$：単位長さあたり非定常ピッチングモーメント，$Drag(K)$：単位長さあたり非定常抗力，$K = B\omega/U$：換算振動数，ρ：空気密度，B：幅員，ω：円振動数，U：平均風速，h：鉛直曲げ変位，α：ねじれ角，p：水平曲げ変位，H_i^*, A_i^*, P_i^* $(i = 1 \sim 6)$：非定常空気力係数である．

(2)　風洞実験の概要

　静的空気力係数と同様の設備および模型を用いて，自由振動法に基づいて非定常空気力係数の評価を実施した．

(3)　風洞実験の結果

　風洞実験で評価された非定常空気力係数を図 A.6-5 および図 A.6-6 にまとめる．

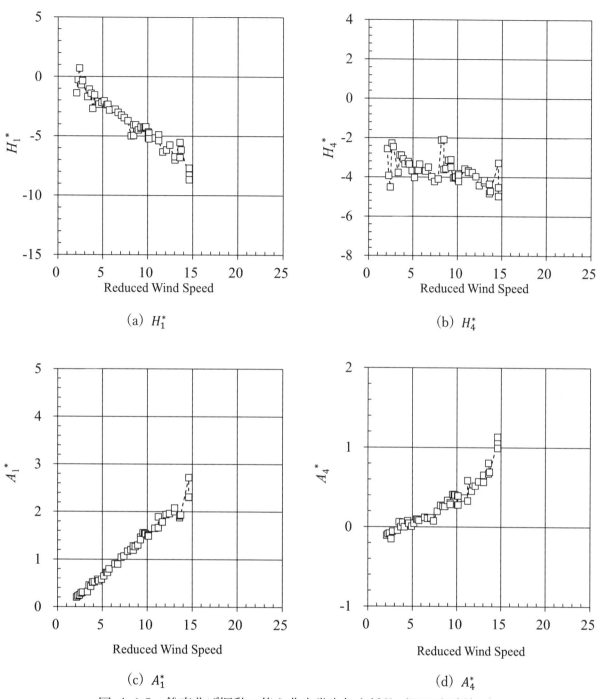

(a) H_1^*

(b) H_4^*

(c) A_1^*

(d) A_4^*

図 A.6-5　鉛直曲げ振動に伴う非定常空気力係数（風洞実験結果）

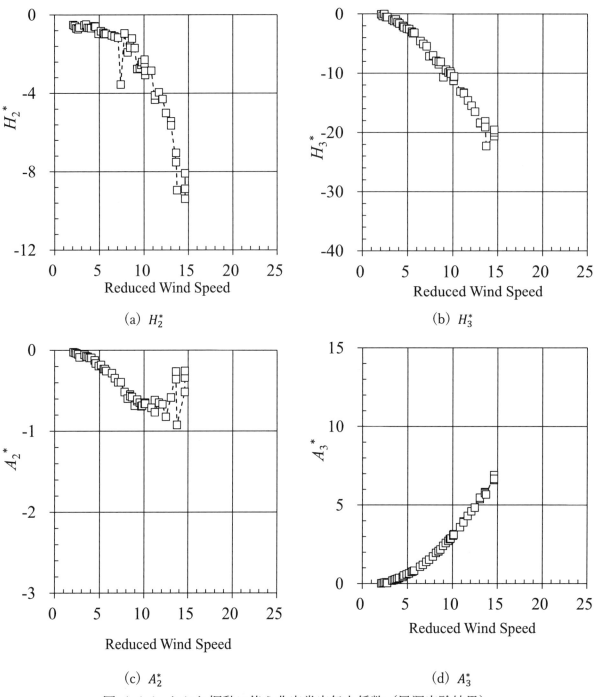

(a) H_2^*　　　　　　　　　(b) H_3^*

(c) A_2^*　　　　　　　　　(d) A_3^*

図 A.6-6　ねじれ振動に伴う非定常空気力係数（風洞実験結果）

(4)　数値流体解析の概要

1)　概要

　　解析対象ならびに解析の概要は静的空気力係数の評価に用いた方法のうち，条件 2 に準ずる.

2)　解析手法

　　解析手法は静的空気力係数の評価に用いた方法のうち，条件 2 に準ずる.

3) 解析領域および解析格子

解析領域および解析格子は静的空気力係数の評価に用いた方法のうち，条件 2 に準ずる．

4) 解析条件

解析条件は静的空気力係数の評価に用いた方法のうち，条件 2 に準ずる．ただし，非定常空気力係数の測定は，橋桁断面を鉛直方向・ねじれ方向の各 1 自由度で強制的に加振し，振動状態にある橋桁断面に作用する非定常空気力を測定する強制加振法を用いる．レイノルズ数を一定に保つため，加振周波数を変える方法で無次元風速を変化させた．加振振幅ならびに評価時間は次の表 A.6-5 の通りである．

表 A.6-5 高欄および中央分離帯付き箱桁断面の非定常空気力係数算出時の解析条件

	条件 2
加振振幅	ねじれ：1 度 鉛直曲げ：$B/100$
評価時間	10 周期

5) 数値流体解析結果

条件 2 による数値流体解析結果，風洞実験結果と併せて図 A.6-7 および図 A.6-8 に示す．H_2^*およびH_4^*以外については，数値流体解析結果は風洞実験結果を概ね再現することに成功している．ただし，A_2^*およびA_4^*については高風速域において数値流体解析結果と風洞実験結果に差が見られるので，数値流体解析および風洞実験それぞれのデータを増やし検証する必要がある．H_2^*およびH_4^*については全風速域で解析結果と実験結果の傾向が異なるが，フラッター発現風速に与える影響は小さく，計算事例 A.1 でも示されたように，実験結果にも比較的バラツキが生じやすい非定常空気力係数である．

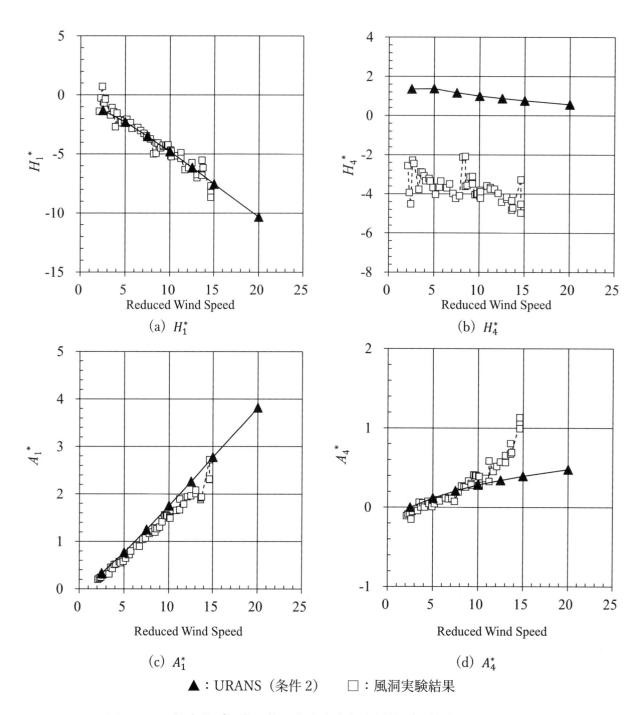

(a) H_1^*　　　　　　　　　　　　(b) H_4^*

(c) A_1^*　　　　　　　　　　　　(d) A_4^*

▲：URANS（条件2）　　□：風洞実験結果

図 A.6-7　鉛直曲げ振動に伴う非定常空気力係数（数値流体解析結果）

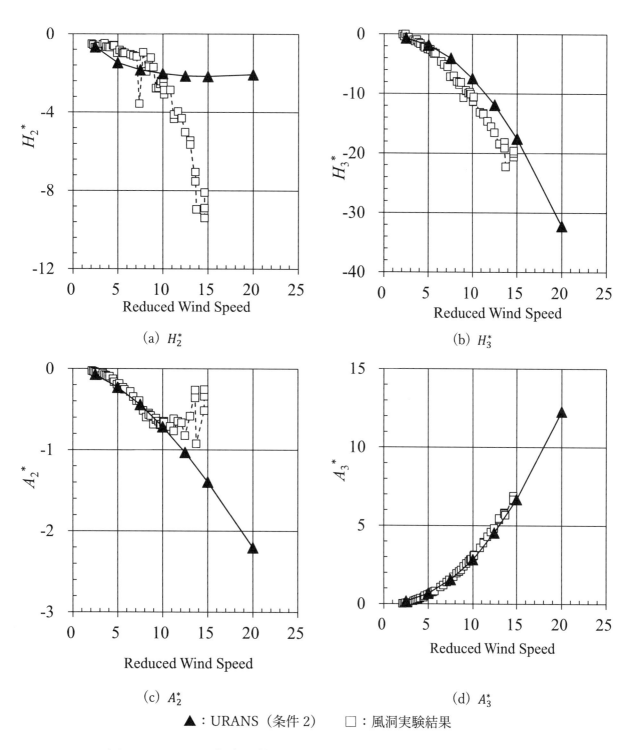

(a) H_2^*

(b) H_3^*

(c) A_2^*

(d) A_3^*

▲：URANS（条件2）　　□：風洞実験結果

図 A.6-8　ねじれ振動に伴う非定常空気力係数（数値流体解析結果）

参考文献

[1]　S. Kuroda, "Numerical computations of unsteady flows for airfoils and non-airfoil structures," in *15th AIAA Computational Fluid Dynamics Conference*, American Institute of Aeronautics and Astronautics, 2001. doi: 10.2514/6.2001-2714.

[2]　S. E. Rogers, D. Kwak, and C. Kiris, "Steady and unsteady solutions of the incompressible

Navier-Stokes equations," *AIAA Journal*, vol. 29, no. 4, pp. 603–610, Apr. 1991, doi: 10.2514/3.10627.

[3] M. M. Rai, "Navier-Stokes Simulations of Blade-Vortex Interaction Using High-Order-Accurate Upwind Schemes," in *Computational Aeroacoustics*, 1993, pp. 417–430.

[4] J. A. Benek, P. G. Buning, and J. L. Steger, "A 3-D Chimera Grid Embedding Technique," in *7th Computational Physics Conference*, American Institute of Aeronautics and Astronautics, 1985, doi: 10.2514/6.1985-1523

土木構造物共通示方書一覧

	書名	発行年月	版型：頁数	本体価格
	2010年制定　土木構造物共通示方書Ⅰ （総則，用語，責任技術者，要求性能，構造計画）	平成22年9月	A4：163	
	2010年制定　土木構造物共通示方書Ⅱ （作用・荷重）	平成22年9月	A4：197	
※	2016年制定　土木構造物共通示方書 基本編／構造計画編	平成28年9月	A4：266	3,000
※	2016年制定　土木構造物共通示方書 性能・作用編	平成28年9月	A4：441	3,900

構造工学シリーズ一覧

	号数	書名	発行年月	版型：頁数	本体価格
	1	構造システムの最適化－理論と応用－	昭和63年9月	B5：300	
	2	構造物のライフタイムリスクの評価	昭和63年12月	B5：352	
	3	鋼・コンクリート合成構造の設計ガイドライン	平成1年3月	B5：327	
	4	材料特性の数理モデル入門－構成則主要用語解説集－	平成1年11月	B5：119	
	5	風工学における流れの数値シュミレーション法入門	平成4年4月	B5：212	
	6	構造物の耐衝撃挙動と設計法	平成6年1月	B5：312	
	7	構造工学における計算力学の基礎と応用	平成8年12月	B5：577	
	8	ロックシェッドの耐衝撃設計	平成10年11月	A4：270	
	9-A	鋼・コンクリート複合構造の理論と設計（1）基礎編：理論編	平成11年4月	A4：185	
	9-B	鋼・コンクリート複合構造の理論と設計（2）応用編：設計編	平成11年4月	A4：175	
	10	橋梁振動モニタリングのガイドライン	平成12年10月	A4：246	
	11	複合構造物の性能照査指針（案）	平成14年10月	A4：273	
	12	橋梁の耐風設計－基準と最近の進歩－	平成15年3月	A4：218	
	13	コンクリート長大アーチ橋－支間600mクラス－の設計・施工	平成15年8月	A4：273	
	14	FRP橋梁－技術とその展望－	平成16年1月	A4：264	
	15	衝撃実験・解析の基礎と応用	平成16年3月	A4：403＋ 付録CD-ROM	
	16	モニタリングによる橋梁の性能評価指針（案）	平成18年3月	A4：85	
	17	風力発電設備支持物構造設計指針・同解説［2007年版］	平成19年11月	A4：424	
	18	性能設計における土木構造物に対する作用の指針	平成20年3月	A4：313	
	19	海洋環境における鋼構造物の耐久・耐荷性能評価ガイドライン	平成21年3月	A4：261	
	20	風力発電設備支持物構造設計指針・同解説［2010年版］ 〈オンデマンド販売中〉	平成23年1月	A4：582	
※	21	歩道橋の設計ガイドライン	平成23年1月	A4：324	4,000
	22	防災・安全対策技術者のための衝撃作用を受ける土木構造物の性能 設計　－基準体系の指針－	平成25年1月	A4：261＋ 付録DVD	
	23	土木構造物のライフサイクルマネジメント 〜方法論と実例，ガイドライン〜	平成25年7月	A4：210	
	24	センシング情報社会基盤	平成27年3月	A4：296	
※	25	橋梁の維持管理　実践と方法論	平成28年6月	A4：374	4,000
※	26	2016年制定　土木構造物共通示方書〔改訂資料〕	平成28年9月	A4：60	1,800
※	27	爆発・衝撃作用を受ける土木構造物の安全性評価 　－希少事象に備える－	平成29年9月	A4：454	6,000
	28	信頼性設計法に基づく土木構造物の性能照査ガイドライン 〈オンデマンド販売中〉	平成30年10月	A4：132	
※	29	衝撃作用に対する構造性能照査法の基礎と応用	令和5年1月	A4：464	6,800
※	30	橋梁の耐風設計における数値流体解析ガイドライン	令和5年2月	A4：142	2,900

※は、土木学会および丸善出版にて販売中です。価格には別途消費税が加算されます。

あらゆる境界をひらき
持続可能な社会の礎を築く

公益社団法人 土木學會
Japan Society of Civil Engineers

定価（本体 2,900 円＋税）

構造工学シリーズ 30
橋梁の耐風設計における数値流体解析ガイドライン

令和 5 年 2 月 22 日　第 1 版・第 1 刷発行

編集者……公益社団法人　土木学会　構造工学委員会
　　　　　橋梁の耐風設計における数値流体解析ガイドライン作成小委員会
　　　　　委員長　八木知己
発行者……公益社団法人　土木学会　専務理事　塚田　幸広

発行所……公益社団法人　土木学会
　　　　　〒160-0004　東京都新宿区四谷 1 丁目（外濠公園内）
　　　　　TEL　03-3355-3444　FAX　03-5379-2769
　　　　　http://www.jsce.or.jp/
発売所……丸善出版株式会社
　　　　　〒101-0051　東京都千代田区神田神保町 2-17　神田神保町ビル
　　　　　TEL　03-3512-3256　FAX　03-3512-3270

©JSCE2023／Committee on Structural Engineering
ISBN978-4-8106-1059-8
印刷・製本：キョウワジャパン（株）　用紙：吉本洋紙店